하 | 루 | 에 | 재 | 료 | 한 | 가 | 지

EGG

완전식품인 달걀로
건강한 식탁을 차려보세요.

달걀은 전 세계인에게 가장 많은 사랑을 받는 식품 중 하나입니다. 세계 어느 나라의 시장을 가든 달걀을 쉽게 찾아볼 수 있으며, 가격도 저렴한 편이라 많은 사람이 즐기는 식재료죠. 더군다나 요리법도 굉장히 쉽고 간단해, 요리를 전혀 못하는 사람일지라도 누구나 맛있는 달걀요리를 만들 수 있습니다.

삶은 달걀이나 달걀프라이는 물론 탕에 넣어 먹고, 찜으로 쪄먹고, 전으로 부쳐 먹고, 튀겨먹고……. 식탁 위에 반찬이 어딘가 모르게 모자란 느낌이 들 때면, 달걀요리가 2% 모자란 밥상을 완벽하게 채워주곤 했습니다. 저 민쿡스의 식탁에도 말이죠.

달걀은 아침 식사 대용으로 아주 훌륭한 재료입니다. 에그 베네딕트나 달걀 샌드위치와 같이 채소나 과일 등의 신선식품과 함께 먹으면 영양가가 더욱 풍부해져 하루를 든든하게 시작할 수 있죠. 또한 삶은 달걀은 하나만 먹어도 포만감이 들어서 한창 배고플 아이들의 영양 간식이나 다이어트 음식으로도 제격입니다. 생활 속 간단 요리 이외에도 달걀로 아주 근사한 음식을 만들 수도 있는데요. 유럽인들에게 사랑받는 데빌드 에그나 달걀 프리타타, 에그 타르트도 그중 하나입니다.

이처럼 달걀은 어떻게 만드느냐에 따라 수많은 요리가 탄생합니다. 매번 삶은 달걀과 달걀프라이만 먹었다면 〈달걀로 만드는 40가지 레시피 : EGG〉로 새로운 요리에 도전해 보는 것은 어떨까요? 누구나 따라서 만들기 쉬운 기본 달걀요리부터 세계요리까지 다양하게 소개해드립니다.

민쿡스_김순희

INTRO

달걀 이야기

달걀요리의 기본

달걀요리의 비밀레시피

PART 1

달걀로 만드는

한 그릇 음식

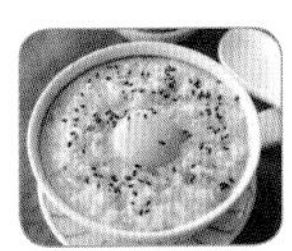

Contents

PART 2

달걀로 만드는
반찬

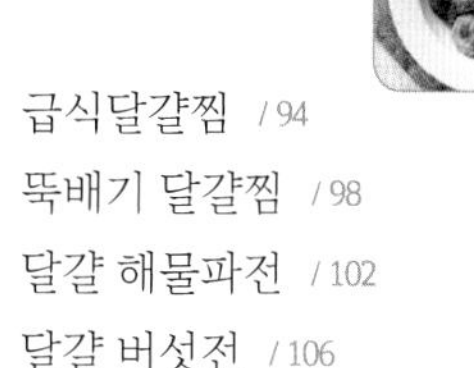

PART 3

달걀로 만드는
브런치

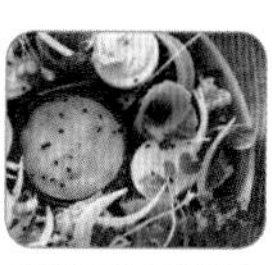

PART 4

달걀로 만드는
세계 이색 요리

INTRO

달걀 이야기

달걀 이야기

■ 달걀의 유래

달걀의 역사는 기원전 3,200년 전부터 시작됩니다. 인간이 목축을 시작하면서 야생에서 살던 닭을 잡아 키우기 시작했고, 점차 세계 각지로 빠르게 퍼져나가 약 200종의 다양한 닭 품종이 만들어졌습니다. 닭을 처음 기르기 시작했을 때에는 지금과 같이 닭이 알을 낳기에 좋은 환경은 아니었습니다. 예측할 수 없는 기후 변화로 알을 낳는 빈도가 낮았고, 알을 낳았다고 해도 야생 닭에게 생기는 수많은 질병으로 인해 달걀 역시 식재료로 안전하지 않았습니다. 그러던 중 질병에 저항력이 강한 닭이 등장했고, 인류는 자연스럽게 건강한 닭만을 사육하면서 야생 닭의 질병을 치료하는 약을 개발하였습니다. 결국 질병을 치료한 건강한 닭이 알을 낳으면서 달걀은 하나의 식재료가 되었습니다.

고대 로마시대는 달걀에 관련된 일화를 많이 찾아볼 수 있을 정도로 달걀의 기호성이 매우 활발했던 시기입니다. 이 당시에도 달걀을 아침 식사나 간식, 파티 음식으로 즐겨먹었다고 하는데, 최근 영국 버킹엄셔 주의 에일즈베리에서 약 1,700년이나 된 고대 로마시대의 달걀 바구니 유적이 발굴되었다는 것이 이런 기록을 뒷받침해주고 있습니다. 달걀이 발견된 곳은 건조한 구덩이로, 달걀이 썩지 않고 오랫동안 보존될 수 있는 환경이었다고 합니다. 당시 고대 로마시대에는 죽은 사람의 무덤 주위에 닭 뼈와 으깬 달걀 껍데기를 뿌리는 관습이 있었

는데, 이는 부활에 대한 신념이 강했기 때문입니다. '닭이 먼저냐? 달걀이 먼저냐?'라는 말이 있을 정도로 달걀에서 닭이 태어나고 또 닭은 달걀을 낳으며 계속 순환을 이어나가는데, 이를 보고 달걀을 부활의 상징으로 여기며 저승의 신들에게 공물로 던진 것으로 추측하고 있습니다. 부활절을 축하하기 위해 사용하는 부활절 달걀 역시, 메소포타미아 초기 기독교인들 사이에서 시작되었다고 하니, 어느 정도 연관성이 있어 보입니다.

우리나라의 경우, 원삼국시대(기원전 3세기~기원전 2세기, 선사시대에서 역사시대로 전환되는 과도기적 시기)부터 닭을 사육하기 시작했다고 합니다. 실제로 경주시 황남동 155호 고분에서 달걀 30개가 든 토기가 출토되었다는 자료도 있습니다. 달걀 조리법이 구체적으로 제시된 때는 조선시대부터입니다. 고려 이전까지는 달걀 조리법이 전혀 기록에 남아있지 않다가 조선 후기 한글 음식조리서인 『음식디미방(飮食知▽味方, 1680)』과 『주방문(酒方文, 1600년대 말)』에서부터 기록되기 시작했습니다.

달걀의 어원을 살펴보면 '닭의알 → 닭이알 → 달걀'로 말이 진화했음을 확인할 수 있습니다. 종종 '달걀'이라고 쓰는 것이 맞는지 '계란'이라고 쓰는 것이 맞는지 헷갈리는 경우가 있는데, 국립국어원에 따르면 둘 다 맞는 말이지만 '계란(鷄卵)'은 한자어이고, '달걀'은 고유어이므로 가급적 달걀을 사용하는 것이 더 바람직하다고 합니다. 이에 따라 책에서는 전부 '달걀'로 표기하였습니다.

■ 달걀의 영양 & 효능

달걀은 약 74%의 수분과 미네랄, 비타민뿐만이 아니라 필수아미노산 및 필수지방산의 주요한 공급원이 되어, '완전식품'이라고 불릴 정도로 풍부한 영양을 가지고 있습니다. 달걀 하나를 기준으로 달걀흰자에는 3.5g 정도의 단백질이 들어있고, 노른자에는 레시틴, 철분, 황, 비타민A·B·D·E, 아연 등이 들어있습니다. 열량은 달걀 한 개당 약 76kcal로 영양가는 높으면서 열량과 당이 낮아 균형 잡힌 식품입니다.

• 심혈관질환 예방

달걀은 '콜레스테롤의 대명사'로 알려져 있을 정도로 많은 양의 콜레스테롤이 들어있지만 이것이 나쁜 것은 아닙니다. 콜레스테롤에는 좋은 콜레스테롤인 HDL과 나쁜 콜레스테롤인 LDL이 있는데, 달걀에 포함된 콜레스테롤은 HDL의 수치를 높여주기 때문에 건강에 이로운 작용을 한다고 볼 수 있습니다. HDL은 혈관에 쌓이는 LDL을 간으로 운반해 체외로 배출시키는 역할을 하여, 뇌졸중이나 심근경색 등의 심혈관질환을 예방하는 데 도움이 됩니다. 하지만 어떤 식품이든 과하게 섭취하면 부작용을 일으킬 수 있으니, 달걀은 하루에 최대 3개까지만 섭취하는 것이 좋습니다.

• 면역력 강화

달걀에는 셀레늄이 하루 섭취 권장량의 22%나 들어있습니다. 셀레늄은 체내의 여러 가지 작용에 필수적인 미량 무기질이자 항산화 물질인데, 셀레늄의 항산화 작용은 해독 작용은 물론 면역 기능을 증진시켜 암, 간 질환, 신장병, 관절염 등을 예방하고 치료하는 데 도움이 됩니다.

• 두뇌 건강과 스트레스 완화

달걀에는 세포막의 구성 요소이자 신경 전달물질 중 하나인 아세틸콜린을 합성하는 데 꼭 필요한 콜린이 함유되어 있습니다. 다수의 연구에 따르면 콜린 결핍은 신경 질환의 발생과 관련이 있고 인지 기능을 저하시키는 것으로 나타났습니다. 따라서 두뇌 건강을 원한다면 달걀을 꾸준히 섭취하는 것이 좋습니다.

스트레스를 많이 받는 분들에게도 달걀은 아주 좋습니다. 달걀에 들어있는 라이신은 신경기관에서 세로토닌 수치를 조절해서 스트레스와 불안증세를 완화시킵니다. 또한 몸의 활력을 주는 비타민 B_2의 하루 섭취 권장량의 15%가 달걀 하나로 해결되기 때문에 에너지를 회복하는 데에도 아주 좋습니다.

• 피부 미용과 다이어트

피부 미용을 위해 달걀팩을 많이 하는데, 달걀은 피부에 바르는 것뿐만이 아니라 섭취하는 것으로도 도움이 됩니다. 달걀에 들어있는 비타민B 복합체는 피부, 머리카락, 눈, 간 건강에 반드시 필요한 영양소이기 때문에 적당히 섭취하면 탄력 있는 피부를 얻을 수 있습니다.

다이어트를 할 경우, 고단백 저칼로리 식품인 달걀을 먹으면 적은 양으로도 금방 포만감을 느끼고, 그 포만감이 오래 지속되어 식욕 억제 효능까지 기대할 수 있습니다. 식단조절을 하고 있는 분이라면 달걀 섭취를 통해 영양을 챙기면서 건강하게 다이어트를 하길 바랍니다.

■ 달걀의 종류

• 무게에 따른 분류 : 소란, 대란&중란, 특란, 왕란

달걀의 기본 무게는 50~60g 정도로 껍데기 11%, 흰자 58%, 노른자 31%로 구성되어 있습니다. 무게에 따라 달걀을 구분하는 기준은 각 나라마다 상이한데, 우리나라의 경우 '축산물품질평가원'에서 확인할 수 있습니다. 달걀 1개의 무게를 기준으로 44g 미만은 소란(3등급), 52~60g 사이는 대란 및 중란(2등급), 60~68g 사이는 특란(1등급), 68g 이상은 왕란(1^{+}등급)으로 구분합니다.

• **색상에 따른 분류 : 백란, 황란**

달걀의 색상에 따라 종류를 구분하는 경우도 있는데, 색에 따라 영양가가 더 많다거나 품질이 더 뛰어나다고 보기에는 다소 어려움이 있습니다. 달걀의 색은 닭의 품종에 따라 결정되는 것으로 대체로 털이 하얀 품종의 닭은 하얀 달걀을 낳고, 털이 갈색인 품종의 닭은 갈색 달걀을 낳습니다. 우리나라의 경우 갈색 달걀을 흔하게 볼 수 있는데 이는 1980년대 말~1990년대 초에 '갈색 닭이 토종닭 = 갈색 달걀이 토종 달걀'이라는 인식이 생겨 갈색 달걀의 유통이 많아졌기 때문입니다. 앞서 언급했듯이 색에 따라 영양이나 품질의 차이는 없지만 맛에는 조금 차이가 있습니다. 그 이유는 흰자와 노른자의 비율 때문입니다. 흰자와 노른자의 비율을 보면 갈색 달걀이 7 : 3, 하얀색 달걀이 6 : 4로 노른자 비중이 더 높은 하얀색 달걀이 비린내가 덜하고 더 고소하다고 합니다.

• **수정 유무에 따른 분류 : 유정란, 무정란**

유정란과 무정란의 차이는 수정의 유무입니다. 유정란은 수정란이라고도 불리며 수탉과 교미를 해 나온 달걀이고, 무정란은 수탉 없이 암탉이 스스로 만든 달걀을 의미합니다. 유정란은 무정란에 비해 알의 크기가 다소 작고 비린 맛도 적지만 저장하는 방법과 온도 조절이 까다로워 되도록이면 빨리 섭취하는 것이 좋습니다.

달걀요리의 기본

■ 달걀 구입법

달걀을 구입할 때는 무게감이 있고 껍데기가 두꺼우며, 이물질이 없고, 만졌을 때 거친 것이 좋습니다. 하지만 가장 중요한 것은 달걀의 신선도를 확인하는 것입니다. 달걀의 신선도는 달걀을 깨트렸을 때, 흰자와 노른자가 퍼지는 정도에 따라 구별이 가능합니다. 상태가 좋지 않은 달걀은 쉽게 퍼지며, 건강한 달걀은 노른자가 단단해 쉽게 퍼지지 않습니다.

달걀을 깨트리지 않고도 신선도를 구분하는 방법이 있습니다. 소금물에 달걀을 넣었을 때 달걀이 수면 위로 바로 뜬다면 상태가 좋지 않은 달걀입니다. 신선하지 않은 달걀은 껍데기 내부에 공기층이 쌓여 무게가 가벼워지기 때문입니다.

더 정확하게 신선도를 확인하려면, 달걀껍데기에 적혀있는 산란일자를 확인하는 방법도 있습니다. 달걀껍데기에는 산란일자(4자리), 생산자고유번호(5자리), 사육환경번호(1자리) 순서로 총 10자리가 표시되어 있습니다. 즉, '0515XC9Y04' 라고 표시되어 있다면 5월 15일에 'XC9Y0'라는 사람이 기존케이지에서 생산했다는 의미입니다. 참고로 사육환경번호 1번은 방목장에서 자유롭게 키우는 사육방식(방사)이고, 2번은 케이지(닭장)과 축사를 자유롭게 다니도록 키우는 사육방식(평사), 3번은 개선케이지(0.075㎡/마리), 4번은 기존케이지(0.05㎡/마리)를 말합니다. 이처럼 달걀껍데기만 잘 확인해도 얼마든지 신선한 달걀을 구입할 수 있습니다.

■ 달걀 보관법

달걀은 구입한 즉시, 씻지 않은 상태로 냉장 보관하면 3주간 신선도를 유지할 수 있습니다. 냉장 보관할 때는 온도 변화가 심하지 않도록 냉장고 안쪽 구석 자리에 구입한 상태 그대로 두거나 뚜껑이 있는 플라스틱 용기에 보관하는 것이 좋습니다. 또한 숨구멍이 있는 둥근 부분이 위로, 뾰족한 부분이 아래로 향하게 두어야 조금 더 신선함을 오래 유지할 수 있습니다. 달걀은 냄새를 흡수하는 성질이 있으니 최대한 단독으로 보관하고, 달걀을 한 번 씻었다면 냉장고에, 달걀을 씻지 않았다면 상온에 보관합니다.

삶은 달걀의 경우 껍데기를 벗기지 않았다면 2~3일 정도, 껍데기를 벗겼다면 1~2일 정도 보관이 가능합니다.

■ 달걀 기본 조리법

• 삶은 달걀

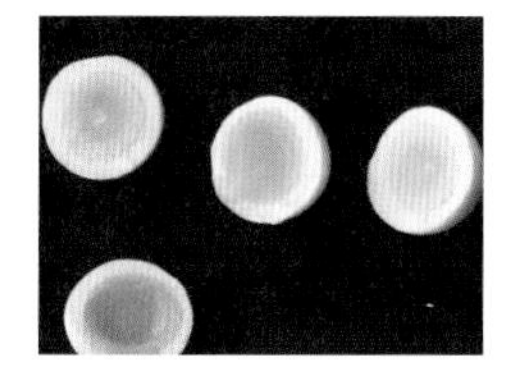

달걀 조리법 중 가장 쉽고 간단한 메뉴인 삶은 달걀입니다. 취향에 따라 삶는 시간을 달리해 다양한 식감으로 먹을 수 있으며, 삶은 다음 양념에 조리거나 재워 또 다른 음식을 만들기도 합니다.

> 냄비에 달걀을 넣고 달걀이 푹 잠길 정도로 물을 붓습니다. 그다음 소금 10g과 식초 1큰술을 넣고 삶으면 완성입니다. 이때 6~8분간 삶으면 반숙, 10~14분간 삶으면 완숙 달걀을 만들 수 있습니다.

달걀은 삶는 정도에 따라 소화되는 시간이 다릅니다. 달걀 2개를 기준으로 반숙 : 1시간 30분 / 날달걀 : 2시간 30분 / 구운 달걀 : 2시간 45분 / 삶은 달걀 : 3시간 15분이 소요됩니다.

• 달걀프라이

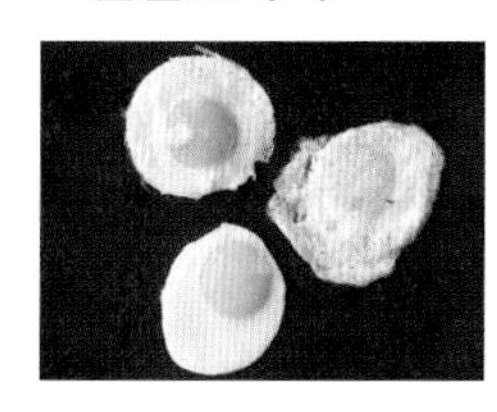

삶은 달걀과 우위를 다툴 정도로 자주 만드는 달걀프라이입니다. 어떻게 만드느냐에 따라 다양한 종류로 나뉘며, 소금이나 토마토케첩, 후추, 파슬리 등을 곁들여 먹습니다.

> • 써니 사이드 업(Sunny Side Up)
> 노른자가 터지지 않게 한쪽 면만 익힌 달걀프라이로, 달군 팬에 식용유를 두르고 달걀을 깨 넣어 흰자만 익히면 완성입니다. 이때 포크를 사용해 몰려있는 흰자를 퍼트리며 조리하는 것이 좋습니다.
>
> • 스팀 베이스티드(Steam Basted)
> 수증기로 윗면을 살짝 익힌 달걀프라이로, 노른자를 덮고 있는 흰자가 코팅되듯 익는 것이 특징입니다. 써니 사이드 업 상태에서 팬에 물을 30ml 정도 붓고 뚜껑을 덮어 30~40초간 익히면 완성입니다.
>
> • 오버 이지, 미디엄, 하드(Over Easy, Medium, Hard)
> 흰자는 앞뒤로 다 익히고, 노른자의 익힘 정도에 따라 약간의 차이가 있는 달걀프라이입니다. 오버 이지는 노른자를 반만 익힌 것으로 써니 사이드 업 상태에서 프라이를 뒤집어 1분간 익힌 것이고, 오버 미디엄은 1분 30초간 익혀 노른자는 2/3 정도 익힌 것을 말합니다. 오버 하드는 2분 30초간 익혀 노른자를 완전히 익혀서 완성합니다.

• 스크램블

아침 식사 메뉴로 간단하게 만들어 먹는 스크램블입니다. 주로 토스트나 샐러드와 함께 즐기며, 모양을 내지 않아도 되기 때문에 달걀프라이에 자신이 없는 분들이 자주 만드는 메뉴입니다. 익히는 정도에 따라 부드럽거나 탱탱한 식감으로 만들 수 있습니다.

볼에 달걀을 깨 넣고 소금을 조금 넣은 후 젓가락으로 풀어줍니다. 식용유를 두른 달군 팬에 달걀물을 붓고 지그재그로 휘저으며 덩어리를 만들어 익히면 완성입니다. 이때 달걀을 체에 한 번 걸러 알끈을 제거하거나, 우유를 넣으면 더욱 부드러운 스크램블을 만들 수 있습니다.

• 수란

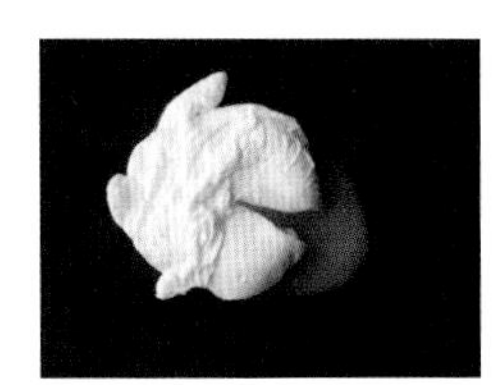

기름에 튀기는 것이 아니라 뜨거운 물로 익혀서 만드는 수란입니다. 보통 브런치에 자주 사용하며 에그 베네딕트나 샌드위치에 곁들이기도 하고, 비빔밥에 달걀프라이 대신 올리기도 합니다.

냄비에 물을 붓고 끓입니다. 물이 팔팔 끓으면 식초를 넣고 물을 휘저어 소용돌이를 만든 다음, 소용돌이 한가운데에 달걀을 깨 넣습니다. 그 상태로 10~15초간 두었다가 국자에 올려 모양을 잡아가며 익히면 완성입니다.

■ 계량법

음식을 만드는 데 있어서 가장 중요한 것은 계량입니다. 물론 평소 요리를 자주 해왔거나 자신만의 레시피를 가지고 있는 분이라면 감으로 충분히 음식을 만들 수 있겠지만, 그렇지 않은 분이라면 계량하는 습관을 들이는 것이 좋습니다. 그렇다고 해서 무조건 계량스푼이나 계량컵을 사용하라는 의미는 아닙니다. 집에서 간단하게 계량할 수 있도록 종이컵과 숟가락으로 계량하는 방법을 안내해드리겠습니다.

• 컵 계량

물 1컵 = 종이컵 1컵 = 180ml

• 숟가락 계량

① 가루재료

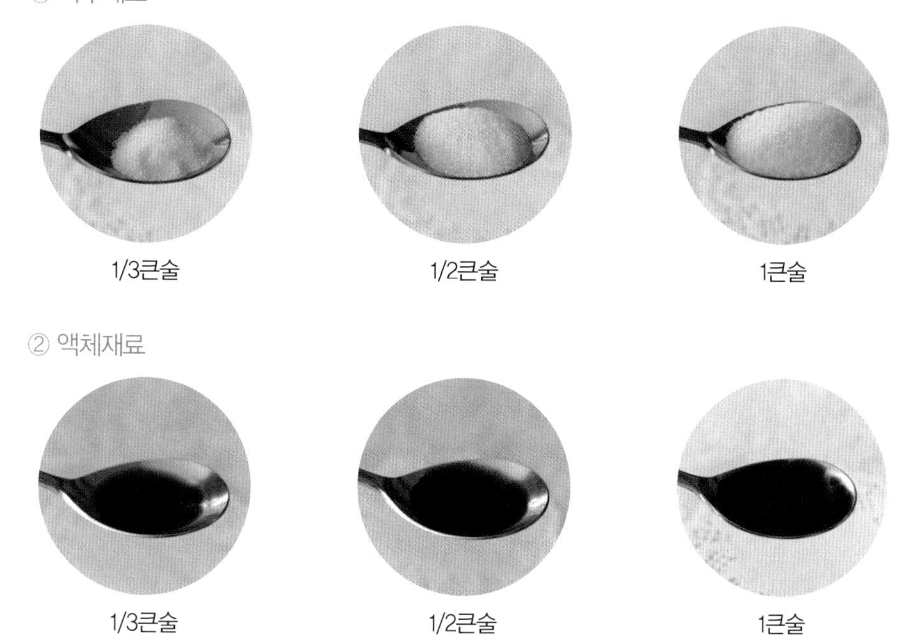

③ 점성 있는 가루재료

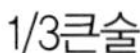

1/3큰술

1/2큰술

1큰술

민쿡스의 달걀요리 TIP

달걀요리는 쉽고 간단하게 만들 수 있지만, 간혹 달걀 특유의 비린내를 잡지 못해 음식을 실패하는 경우가 있어요. 신선한 달걀의 경우 비린내가 거의 안 나지만 오래된 달걀일수록 비린내가 심해지는데, 이는 달걀 속의 황화수소 때문이에요. 황화수소는 단백질이 다른 분자들과 반응하도록 해주는데, 달걀을 60℃ 이상의 온도로 오래 요리하면 노른자의 화학작용으로 인해 황 냄새 즉 달걀 비린내가 심해진답니다.

이럴 때 백설 맛술을 사용하면 비린내를 쉽게 잡을 수 있어요. 고도수의 알콜 성분이 들어간 맛술은 식재료가 가진 고유의 향까지 모두 날려버리지만, 백설 맛술은 생강이나 로즈마리 등 잡내제거에 탁월한 원물 재료가 들어가 잡내는 제거하고 요리의 풍미를 돋우는 역할을 한답니다. 또한 육류나 해산물의 잡내도 없애주니 레시피에 적혀있지 않아도 모든 요리에 소량씩 넣으면 아주 좋아요.

국산 생강과 로즈마리로
잡내 제거를 확실하게
백설 맛술

백설 맛술 생강

백설 맛술 로즈마리

2인분 20분

학교 급식 단골메뉴로 추억이 새록새록 떠오르는 급식달걀찜을 간단하게 만들어보았어요. 네모난 모양에 당근과 쪽파가 뿌려져 있어 예쁜 색감을 자랑하는 급식달걀찜은 아이들은 물론 어른들도 맛있게 먹는 음식이랍니다.

+ Ingredients

급식달걀찜

달걀 5개
소금 1/3큰술
당근 27g
쪽파(or 부추) 32g
다시마물(p.20) 1컵(190ml)
로즈마리맛술 1큰술
식용유 1큰술

+ Cook's tip

- 다시마물은 가이드의 20페이지를 참고해 미리 만들어둡니다.
- 달걀물을 체에 내릴 때 젓가락으로 체 밑을 긁어주면 쉽게 내릴 수 있습니다.
- 달걀찜을 할 때는 내열용기를 사용하되 사각 내열용기를 사용하면 더욱 비슷한 느낌으로 만들 수 있습니다.
- 급식달걀찜에 로즈마리맛술을 넣으면 달걀의 비린내를 없앨 수 있습니다.

재료를 준비합니다.

당근은 곱게 다지고, 쪽파는 작게 쫑쫑 썰어둡니다.

볼에 달걀과 소금을 넣고 젓가락을 사용해 풀어준 다음, 체에 내려 알끈을 제거합니다.

사각 내열유리용기에 식용유를 바릅니다. 식용유가 제대로 안 발리면 나중에 달걀찜이 떨어지지 않으니 골고루 바르도록 합니다.

달걀물에 다진 당근과 쪽파, 다시마물을 넣고 섞어줍니다.

로즈마리맛술을 넣고 섞습니다.

식용유를 바른 사각 내열유리용기에 달걀물을 70% 정도 붓습니다.

찜솥에서 15분간 약불로 찐 다음 3분간 뜸을 들이면 완성입니다.

뚝배기 달걀찜

2인분 13분

뚝배기에 만드는 보들보들한 뚝배기 달걀찜.
보기에는 쉬워 보이지만 자칫하면 끓어 넘치거나 바닥이 타버리기 일쑤인데요. 초보 주부도 한번에 성공할 수 있는 비법을 소개합니다.

+ Ingredients

뚝배기 달걀찜

달걀 3개
다시마물(p.20) 330ml
로즈마리맛술 15ml(1큰술)
대파 15g
당근 12g
소금 4g
설탕 1g

+ Cook's tip

- 다시마물은 가이드의 20페이지를 참고해 미리 만들어둡니다.
- 뚝배기 달걀찜을 할 때는 약불에서 조리해야 바닥이 타지 않습니다.
- 뚝배기 달걀찜에 로즈마리맛술을 넣으면 달걀의 비린내를 없앨 수 있습니다.

+ Directions

재료를 준비합니다.

대파와 당근을 잘게 다집니다. 이때 대파와 당근은 고명용으로 조금씩 빼둡니다.

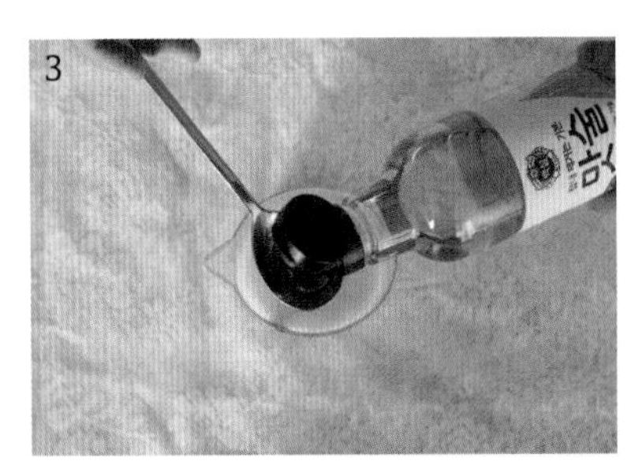

볼에 달걀을 넣고 풀다가 다시마물과 로즈마리맛술을 넣고 골고루 섞습니다.

약불에 뚝배기를 올린 후 달걀물을 붓고 바닥까지 긁어가며 저어줍니다.

다진 대파와 당근, 소금과 설탕을 넣고 골고루 섞습니다.

바닥이 타지 않도록 긁어가면서 2분간 저어 끓입니다.

기포가 보글보글 올라오면 2번에서 고명용으로 빼놓은 당근과 대파를 올립니다.

깊이가 있는 뚜껑으로 덮고 뚝배기에서 물기가 쪼르르 나올 때까지 끓이면 완성입니다.

달걀 해물파전

3인분 15분

비 오는 날 어김없이 생각나는 음식이 있죠. 바로 파전인데요.
달큰한 파 위에 싱싱한 해산물과 담백한 달걀물을 듬뿍 얹으면,
아주 간단하지만 높은 퀄리티의 해물파전을 만들 수 있어요.

+ Ingredients

달걀 해물파전

달걀 2개
쪽파 80g
양파 40g
당근 25g
새우中 90g
오징어 120g
물 130ml
부침가루 2큰술
다진 마늘 1/3큰술
소금 약간
식용유 3큰술

+ Cook's tip

- 해물파전에는 신선한 해물을 사용하는 것이 가장 좋지만, 시중에서 쉽게 구매할 수 있는 해물믹스를 사용해도 좋습니다.
- 쪽파는 사용하는 팬의 크기에 맞춰서 자르도록 합니다.

+ Directions

재료를 준비합니다.

쪽파는 5cm 길이로 자르고 양파와 당근은 채 썹니다. 새우와 오징어도 먹기 좋은 크기로 자릅니다.

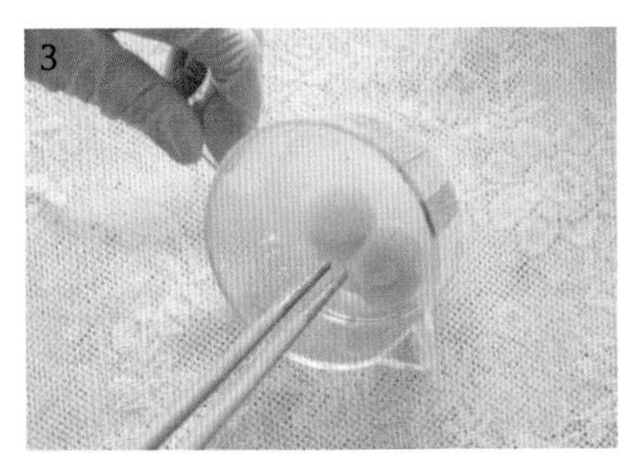

볼에 달걀과 소금을 넣고 젓가락으로 골고루 풀어 준비합니다.

넓적한 볼에 물과 부침가루, 다진 마늘, 소금을 넣고 덩어리가 없도록 골고루 섞어 반죽을 만듭니다.

반죽에 쪽파와 양파, 당근, 새우, 오징어를 넣고 골고루 묻힙니다. 이때 재료가 섞이지 않도록 따로따로 묻히는 게 중요합니다.

약불로 달군 사각팬에 식용유를 두르고 반죽을 묻힌 쪽파를 가지런히 놓습니다.

쪽파 위에 새우, 오징어, 양파, 당근을 올립니다. 비어있는 부분이 없고 너무 두껍지 않도록 평평하게 올립니다.

3번에서 풀어둔 달걀물을 부어 쪽파 사이의 틈을 메웁니다.

3분 후 가장자리가 노릇하게 구워지면 뒤집개를 사용해 뒤집습니다. 앞뒤로 두어 번 뒤집어 노릇노릇하게 구우면 완성입니다.

달걀 버섯전

달걀요리의
비밀레시피

800ml 30~40분

다시마물

다시마물은 다시마를 우려서 만드는 육수로, 요리에 넣으면 국물의 맛과 풍미를 높여주고 밥을 지으면 밥이 아주 찰지고 맛있어져요. 불을 사용하지 않기 때문에 더운 여름에도 간단하게 만들 수 있답니다.

+ Ingredients

다시마물
다시마(4cm×4cm) 4장
물 800ml

+ Cook's tip

- 다시마물은 다시마를 건져낸 다음 물만 걸러 냉장고에 넣으면 2~3일 정도 보관할 수 있습니다.
- 다시마물을 우리고 건져낸 다시마는 잘게 썰어 다른 요리에 활용해도 좋습니다.
- 다시마에는 소화기관에 도움을 주는 클로로필이 다량 함유되어 있으며, 몸속의 중금속을 체외로 배출하는 알긴산도 풍부하게 들어있습니다.

+ Directions

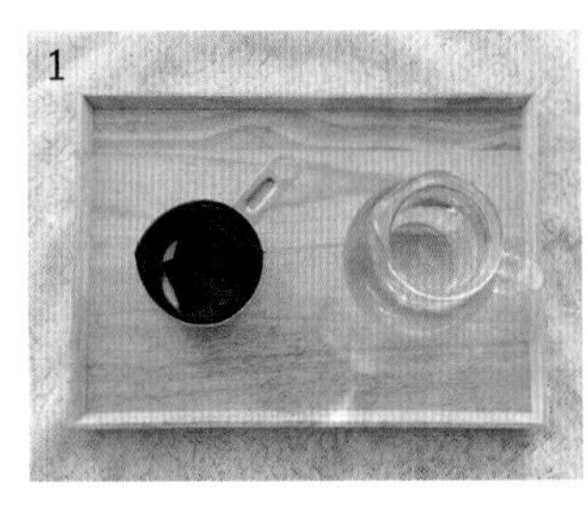

1 재료를 준비합니다.

2-1 다시마를 찬물에 넣어 30~40분 동안 우린 뒤, 건져내면 완성입니다.

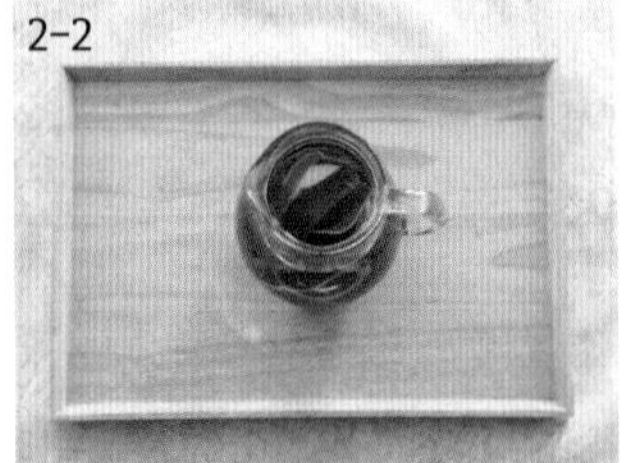

2-2 만약 따뜻한 물로 우릴 경우 15~20분 동안 우리면 완성입니다.

800ml 10~15분

멸치다시마육수

다시마물보다 진한 국물을 만들고 싶을 때 사용하면 좋은 멸치다시마육수입니다. 다시마물보다 훨씬 다양한 재료들이 들어가기 때문에 맛의 깊이가 확실히 달라요.

+ Ingredients

멸치다시마육수
국물용 멸치 10마리
디포리 1마리
건 표고버섯기둥 1개
다시마(4cm×4cm) 2장
건새우 3마리
물 800ml

+ Cook's tip

- 멸치다시마육수는 냉장고에서 2~3일간 보관이 가능하고, 넉넉히 만들어 소분한 다음 냉동고에 얼려두면 사용하기 편리합니다.
- 국물용 멸치는 머리와 내장을 손질해야 깔끔한 맛의 육수를 만들 수 있습니다.

+ Directions

1 재료를 준비합니다.

2 냄비에 분량의 멸치다시마육수 재료를 모두 넣고 10~15분간 푹 끓입니다.

3 끓인 육수는 체로 걸러내 건더기를 건져내면 완성입니다.

4개 10분

홈메이드 다시팩

국물요리나 찌개의 진한 육수를 간편하게 만들 수 있는 홈메이드 다시팩입니다. 시중에 판매되는 다시팩은 패키지 용량에 비해 가격이 비싼 게 단점인데, 육수 재료만 깔끔하게 손질하면 집에서도 충분히 저렴하면서도 고퀄리티의 다시팩을 만들 수 있어요.

+ Ingredients

홈메이드 다시팩
다시팩 4장
다시마(3cm×3cm) 8장
국물용 멸치 12마리
건 표고버섯기둥 4개
건새우 8마리
디포리 4마리

+ Cook's tip

- 다시팩은 마트나 생활용품점에서 쉽게 구매할 수 있습니다.
- 넉넉히 만들어 통풍이 잘 되는 곳에 보관합니다.
- 물에 다시팩을 넣고 10~15분간 팔팔 끓인 다음 다시팩만 건져내면 쉽게 육수를 만들 수 있습니다.

+ Directions

1 재료를 준비합니다.

2 멸치는 머리와 내장을 떼어내고, 디포리 역시 내장을 제거합니다.

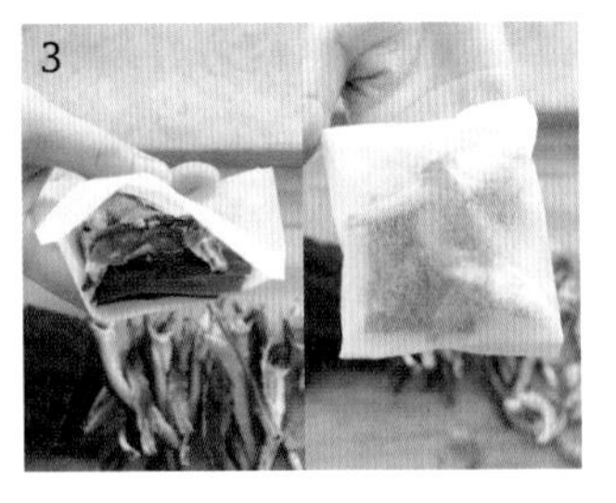

3 다시팩에 다시마 2장, 국물용 멸치 3마리, 건 표고버섯기둥 1개, 건새우 2마리, 디포리 1마리를 넣고 끝부분을 뒤집으면 완성입니다.

1컵 10분

베사멜소스

화이트소스의 대표격인 베사멜소스입니다. 크림의 맛이 강한 베사멜소스는 화이트 루(roux)에 우유를 붓고 볶다가 소금과 후추를 넣어 만드는 '소스의 기본'이라고 할 수 있어요. 베사멜소스만 잘 만들어두면 언제든 부드럽고 고소한 수프를 만들 수 있답니다.

+ Ingredients

베사멜소스
버터 1큰술
밀가루 2큰술
물 1컵

+ Cook's tip

- 버터와 밀가루를 볶을 때 색이 나지 않도록 깨끗하게 볶아야 '화이트 루'를 만들 수 있습니다.
- 물 대신 우유를 넣으면 더욱 고소하고 깊은 풍미의 베사멜소스를 만들 수 있습니다.
- 다른 재료와 섞지 않고 온전한 베사멜소스를 만들고 싶다면 마지막에 소금과 후추를 넣어 간을 맞춰줍니다.

+ Directions

1 재료를 준비합니다.

2 냄비에 버터를 넣어 녹인 후, 밀가루를 넣고 덩어리지지 않도록 풀어가며 섞습니다.

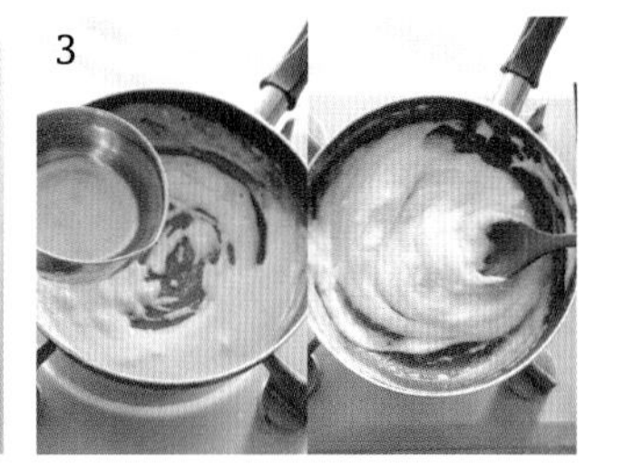

3 물을 조금씩 넣어가며 버터와 밀가루를 골고루 섞습니다. 덩어리가 없고 보글보글 기포가 생길 때까지 끓이면 완성입니다.

1컵 10분

홀랜다이즈 소스

달걀노른자와 버터, 레몬즙을 넣어 만드는 홀랜다이즈소스는 달걀과 아주 잘 어울리는 소스 중 하나입니다. 수란을 올린 에그 베네딕트에 곁들이면 근사한 브런치가 뚝딱 완성된답니다.

+ Ingredients

홀랜다이즈소스

달걀노른자 2개
녹인 버터 3큰술
씨겨자 1작은술
소금 2꼬집
후추 2꼬집
레몬즙 1큰술

+ Cook's tip

- 홀랜다이즈소스를 만들 때, 뜨거운 물 위에 바로 볼을 올리면 달걀노른자가 익을 수 있으니, 냄비보다 큰 볼을 사용해 수증기로 조리합니다.
- 버터를 녹일 때는 중탕을 하거나, 전자레인지에 20초, 10초, 10초씩 끊어서 돌려야 버터가 튀지 않습니다.

+ Directions

재료를 준비합니다.

냄비에 분량 외의 물을 붓고 수증기가 올라올 때까지 끓인 뒤, 볼을 올리고 달걀노른자를 넣어 풀어줍니다.

달걀노른자가 잘 풀어졌으면 녹인 버터를 넣고 섞습니다.

수증기를 이용해 달걀노른자와 버터를 골고루 섞습니다. 이때 끓는 물이 볼에 직접적으로 닿지 않도록 주의합니다.

달걀노른자와 버터가 분리되지 않고 잘 섞이면 씨겨자를 넣고 섞습니다.

소금과 후추를 넣고 마지막으로 레몬즙을 넣은 다음 5분간 저으면 완성입니다.

PART 1

달걀로 만드는

한 그릇 음식

달걀죽

1인분 20분

몸이 아플 때, 소화가 잘 안 될 때, 입맛이 없을 때 먹으면 아주 좋은 달걀죽입니다. 목 넘김이 부드럽고 위에 부담도 없으면서 영양이 풍부해서 회복식으로는 최고의 메뉴예요.

+ Ingredients

달걀죽
달걀 1개
대파 15g
당근 30g
밥 1/2공기(330g)
참기름 1큰술(15ml)
소금 1꼬집
후추 2꼬집

멸치육수
물 500ml
다시마(5cm×3cm) 2장
멸치 15마리

곁들임 재료
달걀노른자 1개
통깨 1g
검은깨 1g

+ Cook's tip

- 달걀물을 붓고 바로 저으면 달걀이 지저분하게 풀어질 수 있으니, 달걀물을 붓고 10초간 그대로 두었다가 저어줍니다.
- 멸치육수를 끓일 때는 멸치의 머리와 내장을 제거한 다음 끓여야 깔끔한 육수를 만들 수 있습니다.

+ Directions

재료를 준비합니다.

냄비에 분량의 멸치육수 재료를 모두 넣고 10분간 끓여 육수를 만듭니다.

대파는 잘게 썰고 당근은 곱게 다집니다.

냄비에 참기름을 두르고 대파와 당근을 넣은 다음, 대파의 향이 올라올 때까지 약 1분간 볶습니다.

밥을 넣고 골고루 섞으며 1분간 볶습니다. 뭉친 밥알이 없도록 풀면서 볶는 것이 좋습니다.

2번에서 준비한 멸치육수를 붓고 끓입니다.

죽을 끓이면서 밥 위로 떠오르는 거품은 숟가락으로 떠냅니다.

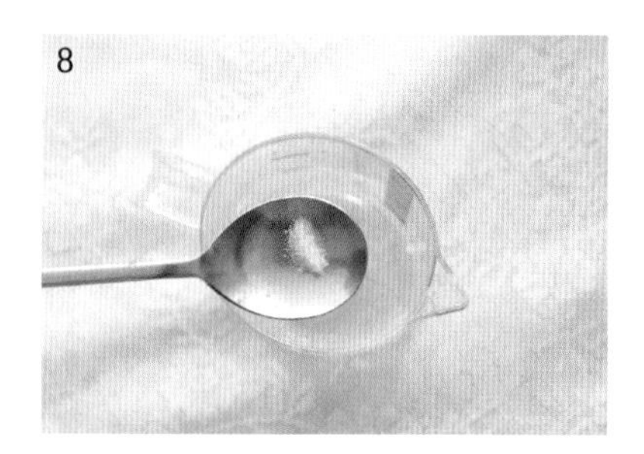

그릇에 달걀을 깨고 소금을 넣은 다음 풀어 달걀물을 만듭니다.

달걀물을 냄비 가장자리부터 달팽이 모양을 그리며 붓고 그대로 10초간 두어 익힙니다.

달걀이 익으면 후추를 뿌려 골고루 섞은 다음 그릇에 담고, 달걀노른자와 깨를 올리면 완성입니다.

달걀볶음밥

2인분 10분

간단하게 만들어 맛있게 먹을 수 있는 달걀볶음밥이에요. 복잡한 요리하기 싫은 날 쓱쓱 볶기만 하면 뚝딱 만들 수 있는데요. 담백한 달걀볶음밥에 잘 익은 김치 한 조각이면 밥 한 공기는 순삭이에요.

+ Ingredients

달걀볶음밥

- 밥 1공기
- 달걀노른자 2개
- 다진 청피망 1큰술
- 다진 홍피망 1큰술
- 다진 양파 2큰술
- 다진 쪽파 2큰술
- 다진 마늘 1작은술
- 소금 5g
- 후추 2꼬집
- 간장 2큰술
- 굴소스 1큰술
- 식용유 1.5큰술

+ Cook's tip

- 밥과 달걀노른자를 미리 섞어두면, 색감도 좋고 더 고슬고슬 맛있는 달걀볶음밥을 만들 수 있습니다.
- 간장을 재료 위에 부어 섞는 게 아니라, 팬에 살짝 태우듯 볶은 다음 섞으면 불맛이 납니다.

+ Directions

재료를 준비합니다.

볼에 밥과 달걀노른자를 넣어 골고루 비벼 둡니다.

달군 팬에 식용유를 두르고 다진 양파와 청 · 홍피망을 넣고 볶습니다.

다진 마늘을 넣고 소금과 후추를 뿌린 다음 골고루 볶습니다.

볶은 채소를 팬의 한쪽으로 밀어두고 팬 바닥에 간장과 굴소스를 넣어 살짝 태우듯이 볶습니다.

한쪽으로 밀어두었던 채소와 골고루 섞습니다.

7

2번에서 달걀노른자와 비벼둔 밥을 넣고 섞습니다. 이때 숟가락 두 개로 밥을 찌르듯이 볶아야 밥알이 으깨지지 않고 고슬고슬해집니다.

8

다진 쪽파를 넣고 한 번 더 살짝 볶으면 완성입니다.

오믈렛

2인분 10분

고소하고, 촉촉하고, 부드러운 오믈렛입니다. 담백한 달걀 안에 다양한 채소가 듬뿍 들어있어서 씹는 재미가 있어요. 부담스럽지 않으면서도 먹고 나면 속이 든든해져서 아침 식사나 브런치로 아주 훌륭한 메뉴랍니다.

+ Ingredients

오믈렛

달걀 5개
생크림 1.5큰술
베이컨 3줄
새송이버섯 1/2개(30g)
양배추 35g
토마토 1개(100g)
버터 1큰술
소금 1/2작은술
후추 2꼬집

곁들임 재료

샐러드 채소 1줌
토마토 1개
토마토케첩 약간

+ Cook's tip

- 달걀에 생크림을 넣고 섞으면 더욱 부드러운 오믈렛을 만들 수 있습니다.
- 베이컨과 채소를 볶은 팬을 닦지 않은 상태로 달걀물을 부으면 훨씬 깊은 풍미를 낼 수 있습니다.
- 완성된 오믈렛을 접시에 담고 샐러드 채소와 토마토, 토마토케첩 등을 곁들이면 더욱 좋습니다.

+ Directions

재료를 준비합니다.

베이컨과 새송이버섯, 양배추는 곱게 다지고, 토마토는 작게 깍둑 썰어둡니다.

달군 팬에 버터 1/2큰술을 두르고 베이컨을 노릇하게 볶다가, 소금과 후추를 넣어 간을 맞춥니다.

새송이버섯과 양배추, 토마토를 넣고 1분간 골고루 볶은 다음, 다른 그릇에 덜어둡니다.

볼에 달걀을 넣어 풀다가 생크림을 넣고 골고루 섞습니다.

팬을 닦지 않은 상태 그대로 버터 1/2큰술을 넣어 녹이고 달걀+생크림을 붓습니다. 이때 불은 약불에 둡니다.

달걀의 가장자리가 살짝 익기 시작하면 젓가락으로 지그재그를 그려가며 익힙니다. 이렇게 하면 달걀이 더욱 보들보들해집니다.

달걀의 가장자리가 0.3cm 정도 익으면 4번에서 볶아두었던 재료를 달걀의 한쪽에 펴서 올립니다.

뒤집개를 사용해 반대쪽 달걀로 채소를 덮고 팬을 한쪽으로 기울여 반달 모양으로 노릇하게 구우면 완성입니다.

회오리 오므라이스

2인분 15분

단순한 오므라이스도 달걀을 회오리 모양으로 만들어 변화를 주면 단번에 특별한 음식이 돼요. 여기에 고소하고 부드러운 베사멜소스와 토마토케첩을 섞어 만든 소스를 부으면 취향저격 회오리 오므라이스가 완성됩니다!

+ Ingredients

볶음밥
찬밥 1공기
햄 60g
당근 50g
양파 45g
소금 1/3작은술
후추 1/4작은술
식용유 2큰술
토마토케첩 2큰술

토마토 베사멜소스
베사멜소스(p.23) 1컵
토마토케첩 1/2컵
파슬리가루 약간

회오리지단
달걀 5개
식용유 4큰술

+ Cook's tip

- 베사멜소스는 가이드의 23페이지를 참고해 만들어둡니다.
- 달걀물에 전분가루를 1~2꼬집 정도 넣으면 지단이 쉽게 찢어지지 않습니다.
- 회오리지단을 만들 때는 약불로 천천히 익히면서 지단을 젓가락으로 잡고 프라이팬을 돌려야 잘 만들어집니다.
- 회오리지단은 달걀을 100%로 다 익히지 말고 약 85% 정도 익었을 때 밥 위에 올려야 덜 찢어집니다.
- 볶음밥을 밥공기에 담은 다음 그릇에 엎으면 예쁜 모양으로 만들 수 있습니다.

+ Directions

1

재료를 준비합니다.

2

냄비에 베사멜소스와 토마토케첩을 넣고 끓입니다. 보글보글 기포가 생길 때까지 끓여 토마토 베사멜소스를 만듭니다.

3

햄과 당근, 양파를 같은 크기로 잘게 썹니다.

4

달군 팬에 식용유를 두르고 햄을 넣어 볶다가 당근-양파 순서로 넣고, 소금과 후추로 간을 맞춥니다.

5

양파가 투명하게 익으면 찬밥을 넣고 숟가락 두 개로 밥을 찌르듯이 섞어 골고루 볶습니다.

6

밥과 채소가 골고루 섞이면 토마토케첩을 넣어 흰밥이 보이지 않도록 볶아 볶음밥을 만듭니다.

7

볼에 달걀을 넣고 풀어준 다음 체에 내려 알끈을 걸러냅니다.

8

달군 팬에 식용유를 두르고 약불로 줄여 달걀물을 붓습니다.

9

달걀의 가장자리가 0.2cm 정도 익기 시작하면 젓가락을 넓게 잡고 달걀을 팬 양쪽 끝에서 가운데로 모은 다음, 프라이팬을 돌려가면서 회오리지단을 만듭니다.

10

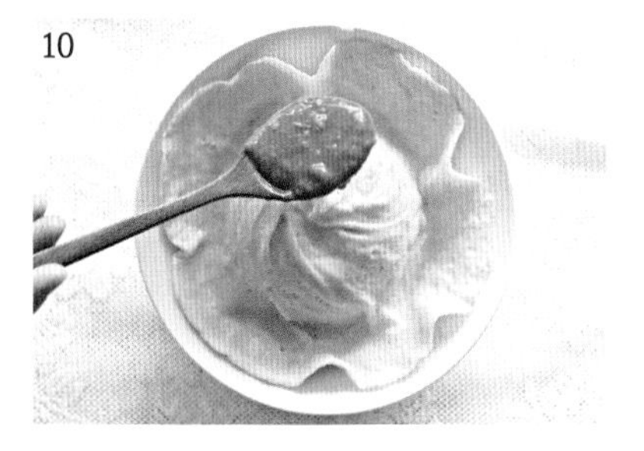

6번에서 만든 볶음밥을 그릇에 담고 회오리지단으로 덮은 뒤, 2번의 토마토 베사멜소스와 파슬리가루를 뿌리면 완성입니다.

달걀말이밥 & 달걀그물밥

2인분 10분

달걀 하나로 재미있는 볶음밥을 만들 수 있어요. 새우볶음밥을 작게 뭉쳐서 달걀지단에 감싸면 달걀말이밥이 되고, 지그재그 그물 안에 넣으면 달걀그물밥이 완성돼요. 간단한 방법으로 다양한 모양의 밥을 만들어보세요.

+ Ingredients

달걀말이밥 & 달걀그물밥

달걀 2개
왕새우 2마리
양파 1/2개(50g)
당근 40g
표고버섯 1개
대파 1대(30g)
굴소스 1작은술
다진 마늘 1작은술
소금 약간
후추 약간
식용유 약간
밥 1공기
토마토케첩 1큰술

+ Cook's tip

- 달걀그물을 만들 때 짤주머니가 없다면 아이들 물약통을 활용해도 좋고, 그것도 없다면 위생봉투에 넣고 끝부분을 조금만 잘라 사용해도 좋습니다.
- 완성된 달걀말이밥 & 달걀그물밥에 토마토케첩을 뿌려 먹으면 더욱 맛있습니다.

+ Directions

재료를 준비합니다.

양파와 당근, 표고버섯, 대파를 잘게 썰어 줍니다.

새우는 잘게 다져 소금과 후추로 밑간하고, 식용유를 조금 두른 팬에 볶아 그릇에 덜어둡니다.

팬을 닦고 식용유를 두른 뒤 대파와 다진 마늘을 넣어 볶습니다.

양파와 당근, 표고버섯을 넣고 소금으로 간을 맞춰 골고루 볶습니다.

밥을 넣고 숟가락을 세워 자르듯이 볶다가 굴소스를 넣고 볶습니다.

3번에서 볶아둔 새우를 넣고 골고루 섞어 볶음밥을 만듭니다.

볶음밥은 따뜻할 때 반으로 나눠 1/2 분량은 한입 크기로 뭉쳐둡니다.

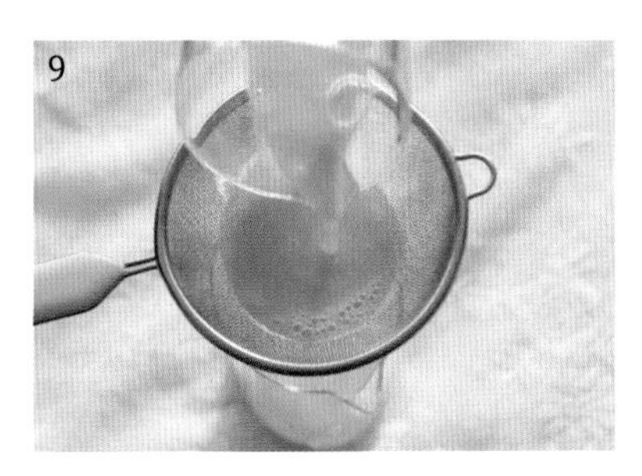

볼에 달걀을 풀고 소금으로 간을 맞춘 후 체에 내려 알끈을 풀어줍니다.

달군 팬에 식용유를 두르고 달걀물을 한 숟가락씩 길게 떠 넣습니다. 달걀물이 익기 전에 8번의 주먹밥을 올려 돌돌 말면 달걀말이밥이 완성됩니다.

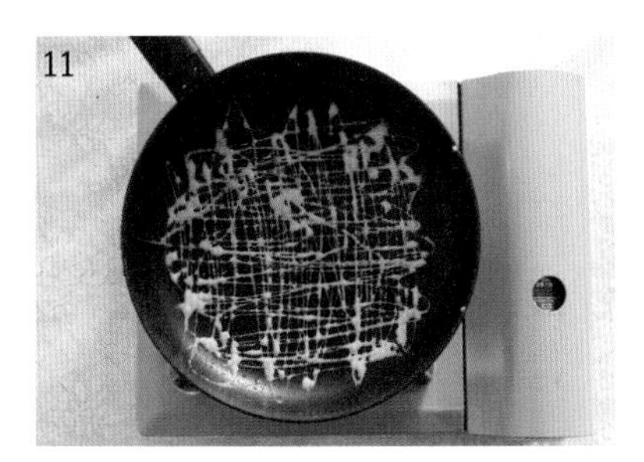

남은 달걀물을 짤주머니에 넣고 팬 위에 지그재그로 짜 달걀그물을 만듭니다.

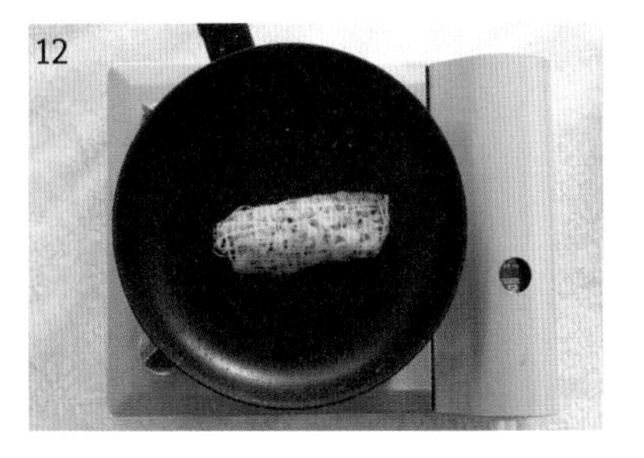

8번에서 주먹밥을 만들고 남은 1/2 분량의 밥을 타원형으로 만들어 달걀그물 위에 올리고 감싸면 달걀그물밥이 완성됩니다.

달걀 카레밥

2인분 15분

따뜻한 밥 위에 향긋한 카레를 듬뿍 올려 비벼 먹으면 밥 한 그릇은 뚝딱이지요. 이렇게 맛있는 카레에 달걀과 치즈를 올리면 더욱 맛있게 즐길 수 있어요!

+ Ingredients

소고기카레

카레가루 2/3컵
파프리카 50g
양파 96g
당근 40g
올리브유 1.5큰술
소금 1/3작은술
후추 2꼬집
다진 소고기 100g
물 적당량

달걀 카레밥

달걀 2개
밥 1공기
모차렐라치즈 75g
생크림 2큰술
고형치즈 1큰술
파슬리가루 1/3작은술

+ Cook's tip

- 카레가루를 넣을 때, 미리 물에 개어 넣으면 덩어리지지 않습니다.

+ Directions

재료를 준비합니다.

파프리카와 양파, 당근을 작게 깍둑 썰어 줍니다.

달군 팬에 올리브유를 두르고 양파를 넣어 볶다가, 파프리카와 당근을 넣고 소금과 후추로 간을 맞춘 뒤 볶습니다.

다진 소고기를 넣고 고기의 핏기가 사라질 정도로 볶습니다.

재료가 잠길 정도로 물을 붓고 끓입니다.

카레가루를 넣습니다. 이때 가루가 덩어리지지 않도록 골고루 풀어가면서 넣습니다.

바닥에 눌어붙지 않도록 저어가면서 원하는 농도가 될 때까지 푹 끓여 소고기카레를 만듭니다.

그릇에 밥을 담고 소고기카레를 1컵 정도 부은 후 달걀을 깨서 넣습니다. 그 위에 모차렐라치즈를 듬뿍 뿌리고 전자레인지에 2분간 돌려 치즈를 녹입니다.

치즈는 녹고 달걀은 살짝 반숙으로 익으면 그릇 가장자리에 생크림을 빙 둘러 넣습니다.

고형치즈와 파슬리가루를 뿌리면 완성입니다.

달걀김밥

3인분 15분

경주의 유명 음식, 교리김밥을 아시나요? 교리김밥은 달걀지단을 듬뿍 넣어 만드는 것이 특징인데요. 그 김밥을 제 스타일대로 만들어봤어요. 부드러운 달걀지단과 다양한 속재료가 어우러져 든든한 한 끼 식사로도, 소풍 도시락으로도 안성맞춤이에요.

+ Ingredients

달걀김밥
달걀 4개
김밥김 3장
따뜻한 밥 1.5공기
참기름 1큰술
소금 약간
통깨 1작은술
식용유 1작은술

김밥 속재료
구운 김밥햄 6줄
볶은 당근 35g
단무지 30g
시금치무침 28g
크래미(게맛살) 3개

+ Cook's tip

- 김밥 속재료인 햄은 노릇하게 굽고, 당근은 채 썰어 볶아줍니다. 시금치 역시 무쳐서 준비합니다. 레시피에 적힌 재료 이외에 원하는 재료를 다양하게 준비해 김밥을 만들어도 좋습니다.
- 달걀지단을 만들 때 달걀물을 체에 한 번 내리면 알끈을 쉽게 제거할 수 있습니다.
- 젓가락을 사용해 달걀지단을 뒤집을 수도 있지만 자칫하면 지단이 찢어질 수 있으니 뒤집개를 사용하는 것이 좋습니다.

재료를 준비합니다.

볼에 따뜻한 밥을 넣고 참기름과 소금, 통깨를 넣어 밥알이 으깨지지 않도록 골고루 섞어줍니다.

볼에 달걀을 넣고 소금으로 간을 맞춘 후 알끈이 없도록 풀어줍니다.

약불로 달군 팬에 식용유를 두르고 키친타월을 사용해 팬에 전체적으로 기름칠을 합니다.

3번의 달걀물을 1/2컵 정도 부은 다음 팬을 한 바퀴 돌려 얇고 넓게 폅니다.

가장자리가 살짝 익으면 뒤집개로 뒤집어 10초간 익힌 후 도마에 올려 식힙니다.

같은 방법으로 달걀지단을 총 다섯 장 만듭니다.

달걀지단을 돌돌 만 다음 얇게 썰어 길쭉한 지단을 만듭니다.

김발 위에 김을 깔고 2번의 양념한 밥을 사방으로 1cm만 남기고 얇게 폅니다. 밥 위에 김밥 속재료와 8번의 달걀지단을 올립니다.

김발을 이용해 돌돌 말고 김밥 끝은 밥풀이나 물을 살짝 발라 붙이면 완성입니다.

달걀초밥

2인분 40분(밥 짓는 시간 포함)

식초와 설탕으로 양념해 만든 초밥에 보들보들하면서 달달한 일식 달걀말이를 올렸어요. 여기에 시금치로 띠를 두르니 색감은 물론 건강까지 챙길 수 있는 초밥 완성! 아이들은 물론 손님에게 대접해도 손색이 없어요.

+ Ingredients

달걀초밥
다시마밥 1공기
소금 1작은술
설탕 1작은술
식초 1큰술
시금치 1포기
뜨거운 물 약간

다시마밥
불린 쌀 1컵
다시마(4cm×4cm) 1장

달걀말이
달걀 4개
생강맛술 1큰술
설탕 1작은술
소금 1/2작은술
식용유 1작은술

+ Cook's tip

- 달걀말이에 생강맛술을 넣으면 달걀의 비린내를 없앨 수 있습니다.
- 어른용 달걀초밥을 만든다면 밥과 달걀말이 사이에 고추냉이를 살짝 얹어도 좋습니다.

재료를 준비합니다.

시금치는 뜨거운 물에 담가 줄기가 말랑해질 때까지 데칩니다.

불린 쌀에 다시마를 넣고 전기밥솥에 밥을 해 다시마밥을 만듭니다.

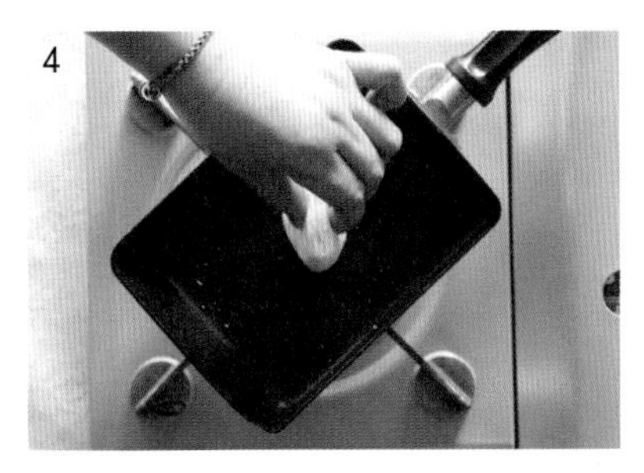

달걀말이용 사각팬에 식용유를 두르고 키친타월을 사용해 팬에 전체적으로 기름칠을 한 뒤, 약불로 달굽니다.

팬이 달궈지는 사이 볼에 달걀과 생강맛술, 설탕, 소금을 넣고 섞습니다.

달걀을 젓가락으로 섞다가 체에 두 번 정도 내려 알끈을 풀어줍니다.

달군 팬에 달걀물을 조금만 붓고 팬을 한 바퀴 돌려 얇게 폅니다.

달걀이 익으면 끝부분을 들어 올려 조금씩 맙니다. 이때 끝까지 말지 말고 마지막 한 바퀴가 남았을 때 달걀말이 밑으로 달걀물을 부어 계속 붙여가며 말아줍니다.

달걀말이가 통통해지면 뒤집개 두 개를 사용해 네모난 모양이 되도록 위와 옆을 눌러가며 말아 빈틈을 없앱니다.

완성된 달걀말이는 도톰하게 썰어 준비합니다.

3번에서 지은 다시마밥이 완성되면 뜨거울 때 소금과 설탕, 식초를 넣고 고슬고슬하게 섞은 다음, 초밥 모양으로 뭉칩니다.

밥 위에 10번의 달걀말이를 올리고 2번의 시금치로 감싸면 완성입니다.

달걀 수제비

2인분 25분

담백하면서도 보들보들한 달걀과 쫀득한 밀가루 반죽이 입맛을 돋우는 달걀 수제비입니다. 쉽고 간단하게 만들 수 있지만 저만의 특별한 비법으로 더욱 맛있게 만들어볼게요.

+ Ingredients

달걀 수제비

물 1L
다시마(3cm×3cm) 2장
국물용 멸치 10마리
대파 흰 부분 2대
국간장 1큰술
굵은 소금 약간
후추 2꼬집
다진 마늘 1작은술
달걀 2개
소금 1/3큰술

수제비 반죽

밀가루 2.5컵
소금 1꼬집
식용유 1작은술
물 1컵

곁들임 재료

대파 40g
김가루 조금

+ Cook's tip

- 수제비 반죽에 소금을 넣으면 간을 맞출 수 있고, 식용유를 넣으면 반죽에 윤기가 납니다.
- 수제비 반죽을 숙성시키면 더욱 쫀득한 식감을 만들 수 있습니다.
- 달걀을 넣은 후에는 10초 정도 건드리지 말고 그대로 익혀야 국물이 깔끔해집니다.
- 취향에 따라 김가루를 올려 먹어도 좋습니다.

+ Directions

재료를 준비합니다.

볼에 분량의 수제비 반죽 재료를 모두 넣습니다. 이때 물은 한 번에 다 넣지 말고 반죽의 상태를 보면서 조금씩 넣어 반죽합니다.

처음에는 숟가락을 사용해 골고루 섞으며 반죽하다가 한 덩어리로 뭉치면 손으로 치대 날가루가 없고 매끈해지도록 반죽합니다.

매끈하게 만들어진 반죽은 위생봉투에 담아 냉장고에서 10분간 숙성시킵니다.

넓은 냄비에 물을 붓고 다시마와 국물용 멸치, 대파 흰 부분을 넣어 센불에서 15분간 끓인 뒤, 체로 건더기를 건져냅니다.

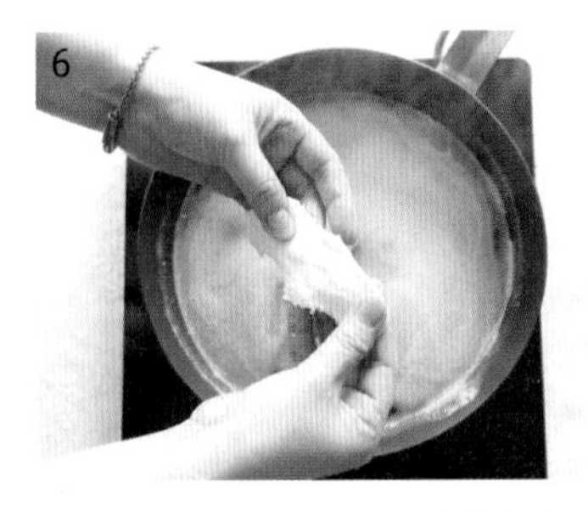

육수를 계속 끓이면서 4번에서 숙성시킨 반죽을 꺼내 얇게 펴면서 한입 크기로 떼어 넣습니다.

7

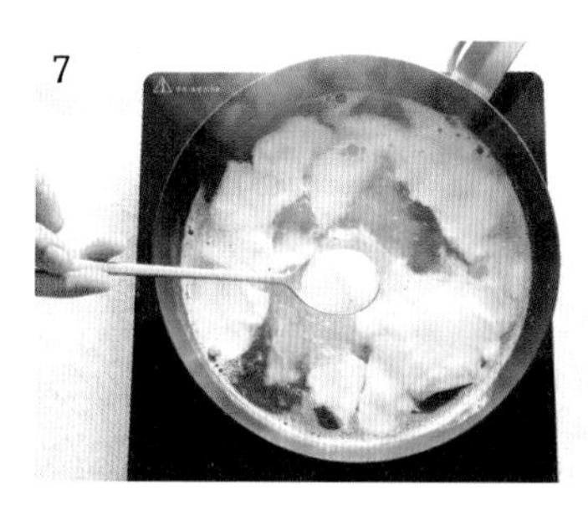

끓이는 동안 위에 뜨는 거품은 숟가락으로 걸러냅니다.

8

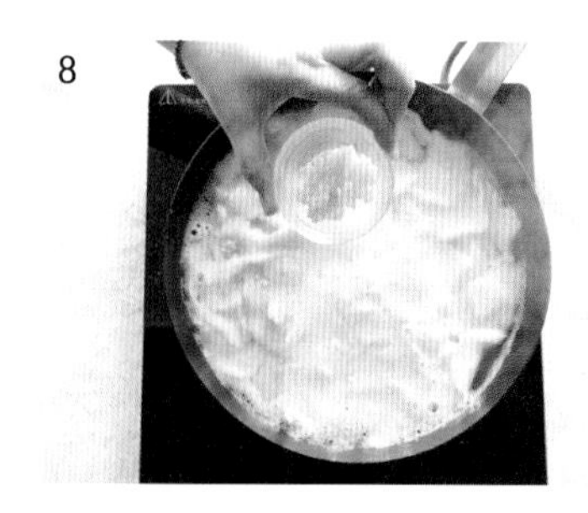

국간장과 굵은 소금, 후추, 다진 마늘을 넣고 끓입니다.

9

볼에 달걀과 소금을 넣고 푼 다음, 달팽이 모양으로 붓습니다. 이때 달걀을 붓고 10초 정도 그대로 둡니다.

10

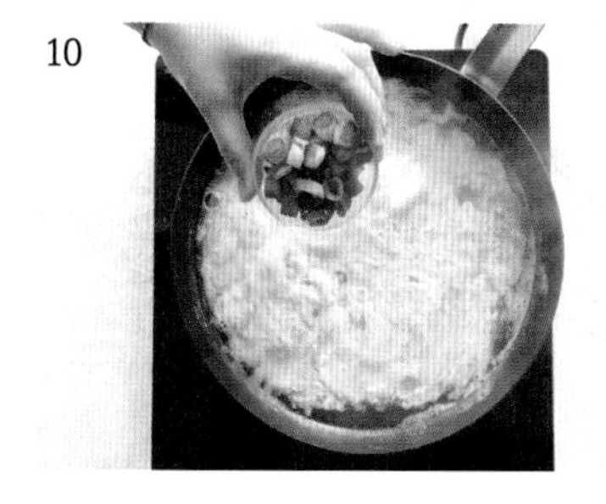

10초 뒤, 한번 휘저어 달걀을 익히고 대파를 썰어 넣으면 완성입니다.

달걀국

3인분 15분

냉장고에 마땅한 재료가 없을 때 순식간에 따뜻한 국물요리를 만들 수 있는 후다닥 레시피입니다. 빠르게 만들었지만 맛은 보장되는 메뉴죠. 입맛이 없거나, 속을 달래야 할 때 달걀국 한 그릇 드셔보세요.

+ Ingredients

달걀국

달걀 2개
물 2.5컵
다시마물(p.20) 2.5컵
당근 25g
대파 25g
양파 45g
다진 마늘 1작은술
국간장 1큰술
굵은 소금 1작은술
후추 2g

+ Cook's tip

- 다시마물은 가이드의 20페이지를 참고해 미리 만들어둡니다.
- 국간장은 1큰술 정도만 넣고 모자라는 간은 소금으로 맞춥니다. 소금의 양은 입맛에 따라 가감해도 좋습니다.
- 달걀을 넣은 후에는 10초 정도 건드리지 말고 그대로 익혀야 국물이 깔끔해집니다.

+ Directions

1 재료를 준비합니다.

2 당근은 얇게 채썰고, 대파는 어슷썰기, 양파는 얇게 슬라이스합니다.

3 냄비에 물과 다시마물을 붓고 센불로 끓입니다.

4 육수가 끓는 사이 젓가락을 사용해 달걀을 골고루 저어 알끈을 풀어줍니다.

5 육수가 끓어오르면 약불로 줄이고 썰어 두었던 당근, 대파, 양파를 넣습니다.

6 다진 마늘을 넣고 국간장과 굵은 소금으로 간을 맞춥니다.

4번에서 풀어두었던 달걀을 달팽이 모양으로 부어줍니다. 이때 달걀을 붓고 10초 정도 그대로 두었다가 젓가락으로 휘휘 저어줍니다.

후추를 넣고 한소끔 더 끓이면 완성입니다.

PART 2

달걀로 만드는

반찬

달걀말이

3인분 10분

달걀요리 중 대표를 뽑으라면 당연 상위권에 있을 달걀말이입니다. 다양한 채소를 넣어 색감은 물론 건강까지 생각했어요. 채소 대신 햄이나 참치를 넣어 만들어도 좋으니 다양하게 응용해보세요.

+ Ingredients

달걀말이

달걀 5개
대파 12g
양파 31g
당근 27g
소금 5g
식용유 40ml

+ Cook's tip

- 소금과 식용유는 상황에 따라 조금씩 가감합니다.
- 달걀말이는 최대한 약불에서 만들어야 타지 않고 예쁘게 만들 수 있습니다.
- 달걀말이에 들어가는 채소는 최대한 작게 썰어야 모양을 만들기가 쉽습니다.

재료를 준비합니다.

대파와 양파, 당근을 잘게 썰어 다집니다. 채소를 작게 썰수록 달걀말이를 예쁘게 만들 수 있습니다.

달걀은 가볍게 풀고 체에 내려 알끈을 제거한 다음, 소금을 넣고 섞습니다.

체에 내린 달걀물에 2번의 다진 채소를 넣고 골고루 섞습니다.

달군 사각팬에 식용유를 두르고 키친타월을 사용해 팬에 전체적으로 기름칠을 한 다음, 달걀물을 얇게 붓습니다.

달걀의 가장자리가 살짝 익으면 끝부분을 들어 올려 조금씩 말아줍니다. 만 부분을 팬의 끝으로 옮긴 후 빈 곳에 다시 달걀물을 붓고 말기를 반복합니다.

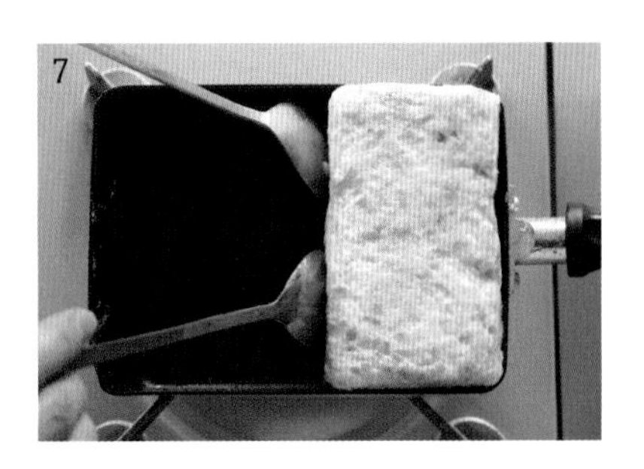

달걀말이가 통통하게 만들어지면 팬 끝으로 민 다음, 숟가락으로 눌러 모양을 잡아가면서 사방을 30초씩 익힙니다.

모양을 잡은 달걀말이를 도마로 옮겨 한 김 식힌 다음 도톰하게 썰면 완성입니다.

달걀 노른자 장

2인분 15분(숙성 시간 제외)

달걀노른자에 간장소스를 부어 숙성시켜 먹는 달걀노른자 장입니다. 담백하면서도 고소한 달걀노른자 장을 따뜻한 밥 위에 올리고 톡 터뜨려서 비벼 먹으면 정말 맛있어요.

+ Ingredients

달걀노른자 장

달걀노른자 4개

간장소스

물 1컵
간장 5큰술
로즈마리맛술 1큰술
설탕 1큰술
다시마(3cm×3cm) 2장
대파(4cm) 1대
가쓰오부시 1/2컵

+ Cook's tip

- 간장소스에 로즈마리맛술을 넣으면 달걀의 비린내는 물론 간장의 텁텁한 맛도 없앨 수 있습니다.
- 달걀노른자에 바로 간장소스를 부으면 노른자가 터지거나 열기에 익을 수 있으니 반드시 한 김 식혀 가장자리에 붓도록 합니다.
- 달걀노른자 장을 숙성시킬 때 그릇에 랩을 씌우면 노른자가 터지지 않고 더 잘 만들어집니다.

+ Directions

재료를 준비합니다.

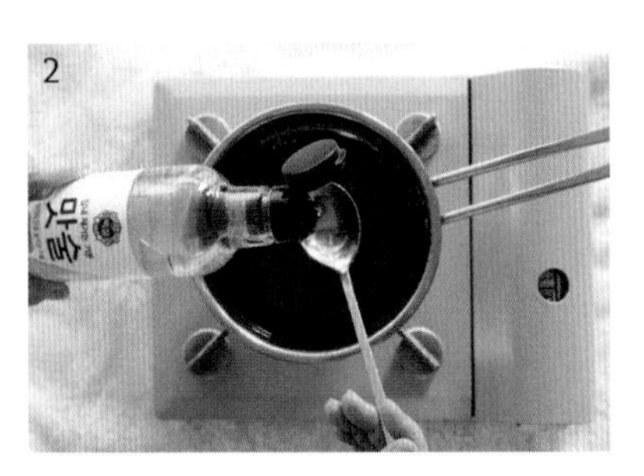

냄비에 가쓰오부시를 제외한 분량의 간장소스 재료를 모두 넣고 10분간 바글바글 끓입니다.

불을 끄고 가쓰오부시를 넣은 다음 녹여줍니다.

가쓰오부시가 적당히 녹으면 체에 걸러 맑은 간장소스를 만든 다음 한 김 식힙니다.

그릇에 달걀노른자를 넣고 한 김 식힌 간장소스를 그릇의 가장자리로 흘려 넣듯이 붓습니다.

달걀노른자가 살짝 오그라들듯 가운데로 몰리면 냉장고에 넣어 6시간 정도 숙성시키면 완성입니다.

마약달걀

3인분 15분(숙성 시간 제외)

한동안 SNS를 뜨겁게 달아오르게 한 마약달걀 만드는 방법을 소개합니다. 달걀을 반숙으로 삶아 간장소스에 숙성시켜 먹는 초간단 메뉴인데요. 따뜻한 밥 위에 올려 달걀을 반으로 자르면 노른자 반숙이 사르르 흘러내려 고소한 맛을 더해준답니다.

+ Ingredients

마약달걀

달걀 6개
굵은 소금 1작은술
식초 1큰술

간장소스

양파 50g
쪽파 10줄기
청양고추 1/2개
홍고추 1/2개
물 1.5컵
간장 1컵
다진 마늘 1작은술
통깨 1큰술
올리고당 1큰술

+ Cook's tip

- 달걀을 삶을 때 소금과 식초를 넣으면 흰자가 탄탄하게 삶아지고, 삶을 때 물을 휘저어 회오리를 만들면 달걀노른자가 가운데로 잘 모입니다.
- 달걀은 온기가 제대로 빠져야 껍데기가 잘 벗겨지니 삶은 다음 충분히 식히도록 합니다.

+ Directions

재료를 준비합니다.

양파와 쪽파, 청 · 홍고추를 작게 썰어줍니다.

보관용기에 다진 채소를 비롯한 분량의 간장소스 재료를 모두 넣고 섞습니다.

냄비에 달걀을 넣고 달걀이 잠길 정도로 물을 부은 다음, 굵은 소금과 식초를 넣고 끓입니다.

물이 끓기 시작하면 그때부터 딱 6분간 삶은 후 찬물에 담가 완전히 식히고 껍데기를 벗깁니다.

3번에서 만들어놓은 간장소스에 삶은 달걀을 넣어 실온에 하루 정도 두었다가 냉장고에 넣어 3일간 숙성시키면 완성입니다.

달걀맵조림

3인분　20분

달걀을 매콤소스에 조려 만드는 달걀맵조림입니다. 매번 간장에 조린 달걀만 먹었다면 새로운 맛의 달걀요리를 맛볼 수 있을 거예요. 담백한 달걀과 꽈리고추가 환상의 궁합을 자랑한답니다.

+ Ingredients

달걀맵조림
달걀 6개
굵은 소금 1작은술
식초 1큰술
통깨 1작은술

매콤소스
간장 1큰술
꿀 1큰술
물 100ml
고추장 1큰술
꽈리고추 90g
청양고추 1개
홍고추 1개

+ Cook's tip

- 달걀을 삶을 때 소금과 식초를 넣으면 흰자가 탄탄하게 삶아지고, 삶을 때 물을 휘저어 회오리를 만들면 달걀노른자가 가운데로 잘 모입니다.
- 달걀은 온기가 제대로 빠져야 껍데기가 잘 벗겨지니 삶은 다음 충분히 식히도록 합니다.
- 취향에 따라 소스의 간장과 꿀의 양은 조절해도 좋습니다.

+ Directions

재료를 준비합니다.

냄비에 달걀을 넣고 달걀이 잠길 정도로 물을 부은 다음, 굵은 소금과 식초를 넣어 15분간 삶습니다.

삶은 달걀은 찬물에 담가 완전히 식힌 다음, 껍데기를 벗겨 준비합니다.

팬에 분량의 매콤소스 재료를 모두 넣고 센불로 끓입니다. 이때 청양고추와 홍고추는 적당히 잘라 매운맛이 나게 하고 꽈리고추는 통째로 넣습니다.

소스가 바글바글 끓어오르면 3번의 삶은 달걀을 반으로 잘라 넣고 조립니다.

소스를 달걀에 끼얹으며 조리다가 소스가 자작하게 남으면 통깨를 뿌려 완성합니다.

토마토 달걀볶음

2인분 15분

토마토와 달걀의 환상 궁합! 일명 '토달토달'을 만들었어요. 토마토는 뜨거운 물에 살짝 데쳐 껍질을 벗기면, 입안에서 달걀과 부드럽게 섞여 더욱 맛있게 즐길 수 있답니다.

+ Ingredients

토마토 달걀볶음

토마토 2개
달걀 4개
카놀라유(or 올리브유) 1.5큰술
양파 80g
대파 30g
다진 마늘 1/3큰술
소금 3g
후추 2꼬집
간장 3큰술
설탕 1작은술

+ Cook's tip

- 토마토 달걀볶음을 만들 때, 토마토가 으깨질 정도로 세게 볶으면 토마토 속이 스크램블에 묻어 외관상으로 지저분해지니 가볍게 살짝만 볶는 것이 좋습니다.

+ Directions

재료를 준비합니다.

양파와 대파를 작게 썰어줍니다.

달걀에 소금 한 꼬집을 넣고 젓가락으로 휘휘 저어 골고루 풀어줍니다.

토마토는 아랫부분에 +자로 칼집을 내고 팔팔 끓는 물에 2분간 데칩니다.

데친 토마토는 껍질을 벗기고 4등분으로 잘라둡니다.

달군 팬에 카놀라유 1큰술을 두르고 3번의 달걀물을 붓습니다. 달걀의 가장자리가 살짝 익으면 지그재그로 휘저어 스크램블을 만들고 다른 그릇에 덜어둡니다.

팬을 닦고 카놀라유 1/2큰술을 두른 뒤 양파와 대파, 다진 마늘을 넣어 볶다가 소금과 후추로 간을 맞춥니다.

간장과 설탕을 넣고 볶다가 5번에서 잘라둔 토마토를 넣고 볶습니다.

6번에서 덜어둔 스크램블을 넣고 토마토가 으깨지지 않도록 골고루 볶으면 완성입니다.

달걀 시금치 볶음

2인분 10분

바쁜 아침, 10분 이내로 만들 수 있는 초간단 든든 영양식이에요. 단백질이 풍부한 달걀이 비타민과 식이섬유가 풍부한 시금치와 만나 건강까지 챙길 수 있답니다. 취향에 따라 토마토케첩을 곁들여 먹어도 좋아요.

+ Ingredients

달걀 시금치볶음

달걀 5개
시금치 60g
대파 17g(가는 대파 1대)
설탕 1작은술
식용유 3큰술
소금 1/3큰술
후추 1g

곁들임 재료

토마토케첩 약간

+ Cook's tip

- 달걀물에 설탕 1작은술을 넣으면 달걀의 비린내도 없애고 달달한 맛을 낼 수 있습니다.
- 시금치는 오래 볶으면 아삭한 식감이 사라지고 물이 많이 생기니 스크램블과 섞은 다음 30초간 짧고 빠르게 볶도록 합니다.

+ Directions

재료를 준비합니다.

대파를 작게 쫑쫑 썰어줍니다.

시금치는 깨끗이 씻어 손질하고, 손가락 한 마디 길이로 썰어줍니다.

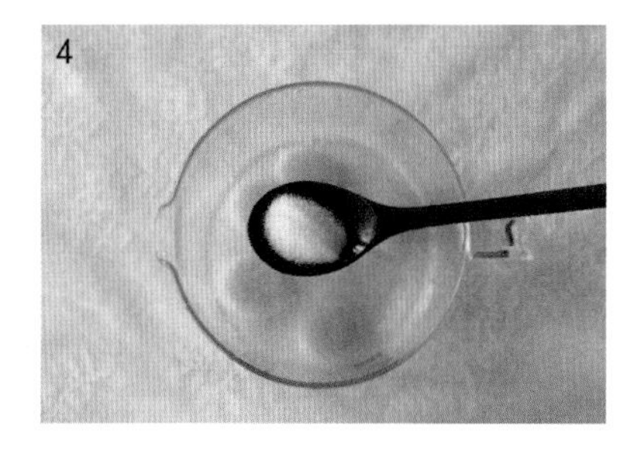

볼에 달걀과 설탕을 넣고 젓가락을 사용해 골고루 풀어줍니다.

달군 팬에 식용유 1큰술을 두르고 달걀물을 붓습니다. 달걀의 가장자리가 살짝 익으면 지그재그로 휘젓습니다.

너무 뭉치지도, 흩어지지도 않은 적당한 스크램블을 만들어 다른 그릇에 덜어둡니다.

팬을 한번 닦고 식용유 2큰술을 두른 다음, 대파를 넣고 30초간 볶아 향을 냅니다.

썰어둔 시금치를 넣고 약불에서 볶다가 소금과 후추로 간을 맞춥니다.

시금치볶음 위에 6번에서 만든 스크램블을 올리고 30초간 골고루 볶으면 완성입니다.

급식 달걀찜

3인분 15분

건강에 좋은 부추와 버섯이 달걀과 만나 부드럽고 고소한 식감의 달걀 버섯전이 되었어요. 아이들 반찬은 물론 간식으로도 아주 좋아요.

+ Ingredients

달걀 버섯전
달걀 3개
당근 60g
양파 55g
부추 30g
팽이버섯 1/2개
두부 110g
소금 1/3작은술
후추 2꼬집
식용유 3큰술

양념장
간장 2큰술
식초 1작은술
통깨 약간

+ Cook's tip

- 두부는 키친타월에 올려 물기를 제거한 다음 사용합니다.
- 전의 크기가 작기 때문에 전을 뒤집을 때는 뒤집개보다 숟가락 두 개를 사용하는 것이 더욱 편리합니다.
- 달걀 버섯전은 그냥 먹어도 맛있지만 양념장을 만들어 곁들이면 더욱 맛있게 즐길 수 있습니다.

+ Directions

재료를 준비합니다.

당근과 양파, 부추, 팽이버섯을 잘게 다집니다.

볼에 2번의 다진 채소를 넣고 물기를 뺀 두부를 숟가락으로 으깨 넣습니다.

달걀을 넣고 소금과 후추로 간을 맞춘 뒤 골고루 섞어 반죽을 만듭니다.

약불로 달군 팬에 식용유를 두르고 반죽을 1큰술씩 간격을 두어 올립니다.

처음 2분간은 그대로 두고 아랫부분이 익으면 뒤집어서 2분을 굽습니다. 한 번 더 반복해 앞뒤를 노릇노릇하게 부치면 완성입니다.

달걀 잡채만두

3인분 10~15분

당면과 다진 채소, 달걀만 있으면 아주 간단하게 만들 수 있는 달걀 잡채만두입니다. 기존의 만두와 달리 재료도 단순하고 금방 만들 수 있어서 우리 집 또 다른 별미가 될 거예요.

+ Ingredients

달걀 잡채만두

달걀 5개
쪽파 32g
당근 43g
불린 당면 20g
소금 1/3큰술
후추 2꼬집
밀가루 50g
물 2큰술
식용유 2큰술

+ Cook's tip

- 당면은 팔팔 끓인 물에 10분간 불려 준비합니다.
- 달걀 반죽의 농도는 주르륵 흘러내릴 정도로 묽어야 반으로 잘 접히고 촉촉하게 만들 수 있습니다.
- 달걀 잡채만두는 약불에서 부쳐야 타지 않습니다.

+ Directions

재료를 준비합니다.

쪽파와 당근, 불린 당면을 잘게 다집니다.

볼에 달걀과 소금, 후추를 넣어 알끈이 없도록 풀다가, 2번의 다진 재료를 넣고 섞습니다.

밀가루를 넣고 덩어리지지 않도록 골고루 섞습니다. 밀가루는 반죽의 농도를 보면서 적당히 가감해도 좋습니다.

물을 넣고 한 번 더 농도를 맞춰 반죽을 만듭니다. 숟가락으로 반죽을 떨어뜨렸을 때 주르륵 흐르는 정도가 좋습니다.

프라이팬이나 4구 에그팬에 식용유를 살짝 두르고 반죽을 3큰술씩 넣어 부칩니다. 반죽의 가장자리가 익으면 뒤집개로 반을 접은 다음 앞뒤로 뒤집어 익히면 완성입니다.

PART 3

달걀로 만드는

브런치

훈제연어 달걀샐러드(with 노른자드레싱)

2인분 15분

영양 만점 삶은 달걀과 담백한 훈제연어 그리고 아삭한 샐러드에 부드럽고 고소한 노른자드레싱이 어우러진 훈제연어 달걀샐러드입니다. 다양한 재료로 한 끼 부족함 없는 영양소를 제대로 챙길 수 있어요.

+ Ingredients

훈제연어 달걀샐러드

달걀 4개
훈제연어 1팩
상추 6장
샐러드 채소 1컵
양파 45g
무순 1/2팩

노른자드레싱

달걀노른자 2개
올리브오일 2큰술
머스터드 1.5큰술
소금 1/3작은술
후추 2꼬집
올리고당 2큰술

+ Cook's tip

- 샐러드 채소는 얼음물에 담가두면 더욱 아삭해집니다.
- 슬라이스한 양파를 물에 담가두면 특유의 아린 맛을 없앨 수 있습니다.

+ Directions

재료를 준비합니다.

상추는 손가락 두 마디 크기로 썰고, 샐러드 채소는 깨끗이 씻어 물기를 제거한 다음 접시에 담아둡니다. 양파는 슬라이스해 준비합니다.

냄비에 달걀을 넣고 달걀이 잠길 정도로 물을 부은 다음, 13분간 삶습니다. 삶은 달걀은 껍데기를 벗겨 반으로 잘라둡니다.

그릇에 분량의 노른자드레싱 재료를 모두 넣고 골고루 섞어 드레싱을 만듭니다.

상추와 샐러드 채소를 담은 2번의 접시에 돌돌 만 훈제연어와 반으로 자른 삶은 달걀을 번갈아 올립니다.

슬라이스한 양파와 무순을 연어와 달걀 위에 올리고 가운데에 4번의 노른자드레싱을 올리면 완성입니다.

달걀토스트

2인분 10분

평범해 보이는 토스트지만 가운데를 나이프로 자르면 달걀노른자가 사르르 흘러나오는 달걀토스트입니다. 달걀노른자의 고소함이 치즈의 고소함과는 또 다른 맛을 선물해요.

+ Ingredients

달걀토스트

식빵 2장
슬라이스치즈 2장
달걀 2개
버터 1큰술
소금 3g
후추 2꼬집
파슬리가루 2꼬집

+ Cook's tip

- 식빵을 자를 원형 틀이 없다면 밥그릇이나 컵을 사용해도 좋습니다.
- 토스트를 뒤집을 때, 노른자가 흐트러질까 걱정된다면 노른사를 숟가락으로 살짝 잡은 다음 뒤집으면 됩니다.

+ Directions

재료를 준비합니다.

원형 틀을 사용해 식빵의 가운데를 눌러 동그랗게 뚫어줍니다.

약불로 달군 팬에 버터를 넣어 녹인 다음, 식빵을 올려 굽습니다.

식빵 가운데에 달걀을 넣고 소금과 후추를 뿌립니다.

1분 후, 달걀 흰자가 익으면 노른자가 흐트러지지 않도록 조심하면서 뒤집습니다.

슬라이스치즈 한 장을 올리고 파슬리가루를 솔솔 뿌린 뒤, 불을 끄고 잔열로 치즈를 녹이면 완성입니다.

달걀샌드위치

2인분 20분

삶은 달걀과 마요네즈소스만 넣어 간편하게 만드는 달걀샌드위치입니다. 특별한 재료는 없지만 그 자체만으로도 부드럽고 고소한 맛에 깜짝 놀랄 거예요.

+ Ingredients

달걀샌드위치

달걀 3개
식빵 4장
마요네즈 3큰술
머스터드 2큰술
소금 1/3큰술
후추 2꼬집
슬라이스치즈 2장

+ Cook's tip

- 식빵에 마요네즈를 바르면 빵에 수분이 흡수되지 않아 식빵의 부드러움을 그대로 느낄 수 있습니다.
- 완성된 달걀샌드위치를 랩으로 감싸 자르면 먹기도 편하고 도시락으로 싸기에도 좋습니다.
- 식빵의 가장자리를 자르면 더욱 부드러운 달걀샌드위치가 완성됩니다.

+ Directions

재료를 준비합니다.

냄비에 달걀을 넣고 달걀이 잠길 정도로 물을 부은 다음, 15분간 삶고 완전히 식힙니다.

식힌 삶은 달걀은 껍데기를 벗기고 포테이토매셔나 포크를 사용해 곱게 으깹니다.

으깬 달걀에 마요네즈 2.5큰술과 머스터드, 소금, 후추를 넣고 골고루 섞어 달걀 반죽을 만듭니다.

식빵 한쪽 면에 남은 마요네즈를 얇게 펴 바르고, 슬라이스치즈를 올린 뒤 달걀 반죽을 도톰하게 올립니다.

다른 식빵에도 마요네즈를 바른 다음 달걀 반죽 위에 덮어 반으로 자르면 완성입니다.

E.L.T 샌드위치 (Egg, Lettuce, Tomato)

2인분 15분

바쁜 아침 든든한 한 끼, 센스 있는 소풍 도시락, 늦은 오후의 간식. 달걀과 상추, 토마토가 듬뿍 들어있는 E.L.T 샌드위치로 맛있는 한 끼를 해결해볼까요?

+ Ingredients

E.L.T 샌드위치

달걀 4개
토마토 1개
베이컨 4줄
식빵 4장
슬라이스치즈 2장
상추 8장
양상추 6장
식용유 1큰술

머스터드소스

마요네즈 2큰술
머스터드 2.5큰술
소금 2g
후추 2꼬집

+ Cook's tip

- **달걀지단 잘 만드는 법**
  1. 약불로 달군 프라이팬에 식용유 1작은술을 넣고 키친타월을 이용해 팬 전체에 기름칠을 합니다.
  2. 달걀물을 붓고 달걀의 가장자리가 익으면 뒤집개로 뒤집은 다음 30초만 더 익히면 완성입니다.

+ Directions

재료를 준비합니다.

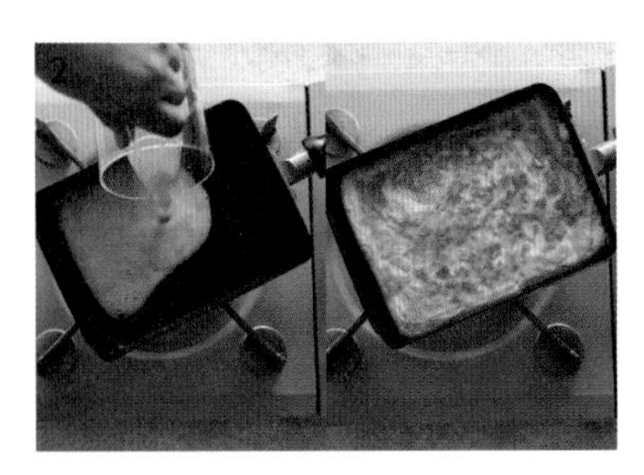

약불로 달군 팬에 식용유 1작은술을 두르고 달걀 두 개를 풀어 넣어 지단을 도톰하게 부칩니다.

베이컨은 노릇하게 구워 준비합니다.

식빵 위에 상추 두 장을 올립니다. 이때 식빵의 크기에 맞춰 잘라서 올립니다.

양상추와 슬라이스치즈를 올립니다.

작은 볼에 분량의 머스터드소스 재료를 모두 넣고 골고루 섞습니다.

슬라이스치즈 위에 머스터드소스를 1.5 큰술 정도 펴 바릅니다.

깨끗이 씻은 토마토를 슬라이스해서 올립니다.

2번에서 만든 달걀지단을 반으로 잘라 올립니다. 달걀지단 대신 삶은 달걀을 슬라이스해서 올려도 좋습니다.

달걀 위에 3번에서 노릇하게 구운 베이컨을 올립니다.

상추와 양상추를 식빵 크기에 맞춰 잘라서 올립니다.

맨 위를 식빵으로 덮은 다음, 랩으로 감싸 반으로 자르면 완성입니다.

에그 갈릭 베이컨

2인분 10분

이제 아침 굶지 마세요!
바쁜 아침 간단하게 만들어 든든하게 한 끼를 먹을 수 있는 영양만점 토스트입니다. 몸에 좋은 마늘과 짭조름한 베이컨, 고소한 달걀노른자가 입안에 사르르 퍼지는 메뉴예요.

+ Ingredients

에그 갈릭 베이컨
달걀 2개
곡물식빵 2장
마요네즈 1.5큰술
베이컨 4줄
다진 마늘 1.5큰술
후추 3꼬집
파르메산치즈 1.5큰술
게맛살 1개
파슬리가루 4꼬집

+ Cook's tip

- 오븐은 190℃로 예열해둡니다.
- 오븐의 경우 제품에 따라 사양이 다르기 때문에 본인의 오븐에 맞춰 조리시간을 가감합니다.
- 달걀은 요리 시작 전 흰자와 노른자를 분리해둡니다.

+ Directions

재료를 준비합니다.

오븐 팬에 종이호일을 깔고 곡물식빵을 올린 다음 마요네즈를 골고루 바릅니다.

식빵에 베이컨을 꼬아 동그랗게 올리고 다진 마늘과 후추를 뿌립니다.

베이컨 가운데에 달걀흰자를 새지 않게 넣고 190℃로 예열한 오븐을 185℃로 내려 5분간 굽습니다.

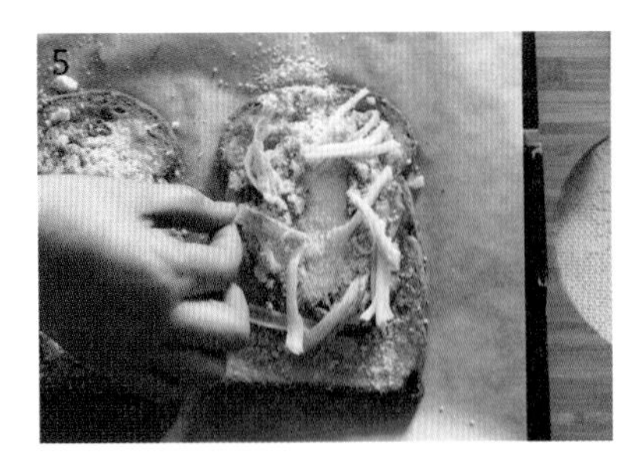

구운 토스트 위에 파르메산치즈를 골고루 뿌리고 게맛살을 찢어 올립니다.

가운데에 달걀노른자를 올리고 파슬리 가루를 뿌린 다음 180℃의 오븐에서 3분간 구우면 완성입니다.

에그 베이컨롤

2인분 20분

돌돌 만 베이컨 안에 달걀을 넣어 구운 초간단 달걀요리입니다. 간단하게 만들었지만 비주얼이 아주 훌륭해서 파티 요리로도 손색이 없어요.

+ Ingredients

에그 베이컨롤
달걀 3개
달걀노른자 3개
베이컨 3줄
녹인 버터 2큰술
소금 2g
후추 2g
파르메산치즈 12g
파슬리가루 2g
그라나 파다노치즈 20g

곁들임 재료
어린잎채소 6g
방울토마토 3개

사용 도구
종이컵
실리콘 솔
고형치즈 스크래퍼

+ Cook's tip

- 오븐은 180℃로 예열해둡니다.
- 오븐의 경우 제품에 따라 사양이 다르기 때문에 본인의 오븐에 맞춰 13~17분간 조리합니다.
- 버터를 녹일 때는 전자레인지에 20초, 10초, 10초씩 끊어서 돌려야 버터가 튀지 않습니다.
- 완성된 에그 베이컨롤에 어린잎채소와 방울토마토를 곁들이면 근사한 한 끼가 됩니다.

+ Directions

재료를 준비합니다.

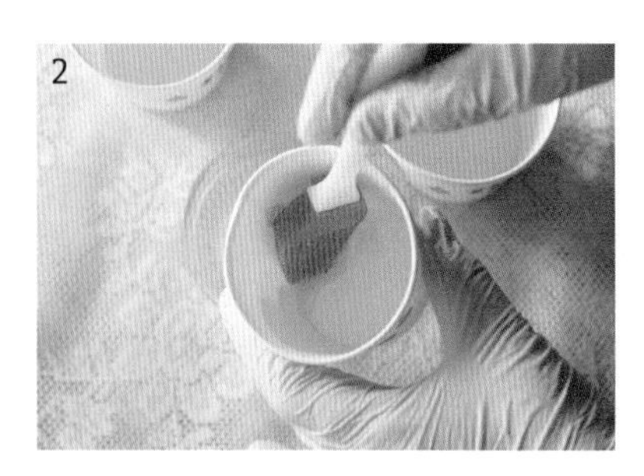

종이컵 안쪽에 녹인 버터를 골고루 바릅니다. 제대로 바르지 않으면 나중에 종이컵을 분리하기 어려워집니다.

종이컵 안쪽에 베이컨을 말아 넣습니다. 베이컨이 종이컵의 가장자리에 닿도록 넣고, 그 사이에 달걀 한 개와 달걀노른자 한 개를 넣습니다.

달걀 위에 소금과 후추, 파르메산치즈, 파슬리가루를 순서대로 올립니다.

종이컵을 오븐 팬에 올린 뒤, 180℃로 예열한 오븐에서 15분간 굽습니다.

구운 에그 베이컨롤 위에 그라나 파다노 치즈를 스크래퍼로 갈아 뿌리면 완성입니다.

달걀스콘

10개 35분(휴지 시간 제외)

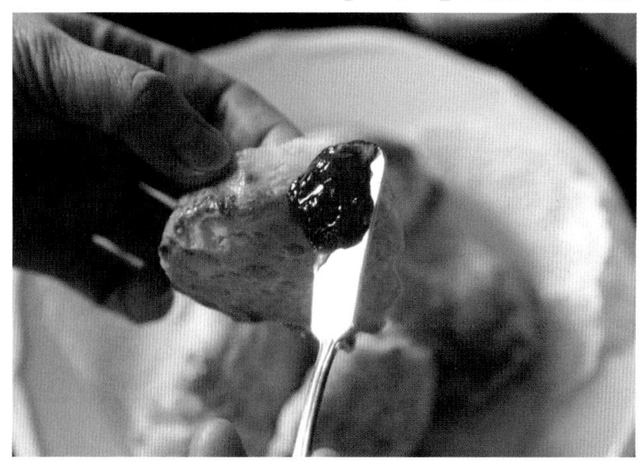

바삭하고 고소하게 즐기는 스콘을 집에서 직접 만들어보세요. 다른 재료를 넣지 않아도 담백해서 그냥 먹어도 좋고, 딸기잼을 발라 먹어도 좋습니다. 어른들은 커피와 아이들은 우유와 함께 즐거운 티타임을 가져보세요.

+ Ingredients

달걀스콘

달걀 3개
박력분 200g
탈지분유 20g
베이킹파우더 10g
설탕 23g
소금 2g
버터 100g
우유 80ml
아몬드분태 40g

사용 도구

실리콘 패드
고운체
스크래퍼
밀대
실리콘 붓

+ Cook's tip

- 가루재료를 체에 내리면 불순물을 걸러냄은 물론 가루 사이사이에 공기가 들어가 더욱 바삭한 식감의 스콘을 만들 수 있습니다.
- 버터는 작게 잘라 사용하기 직전까지 냉장고에 차갑게 보관합니다.
- 반죽을 섞을 때는 스크래퍼나 주걱을 사용합니다. 손으로 반죽할 경우 손의 열기 때문에 버터가 녹아 반죽이 질퍽해집니다.
- 오븐의 경우 제품에 따라 사양이 다르기 때문에 본인의 오븐에 맞춰 180~185℃ 사이로 조절해서 굽습니다.

재료를 준비합니다.

작업대에 실리콘 패드를 깔고 박력분을 두 번 체에 내린 다음, 탈지분유, 베이킹 파우더, 설탕, 소금을 체에 내립니다.

차가운 상태의 버터를 넣고 가루재료를 골고루 묻힙니다.

스크래퍼를 사용해 가루재료와 섞어가면서 버터를 작게 자릅니다. 버터와 가루재료가 잘 섞여 보슬보슬해질 때까지 잘라가면서 섞습니다.

가루재료를 산처럼 모아 가운데에 홈을 파고 우유를 넣은 다음 스크래퍼로 섞습니다. 이때 우유는 3큰술 정도 남겨두고 섞습니다.

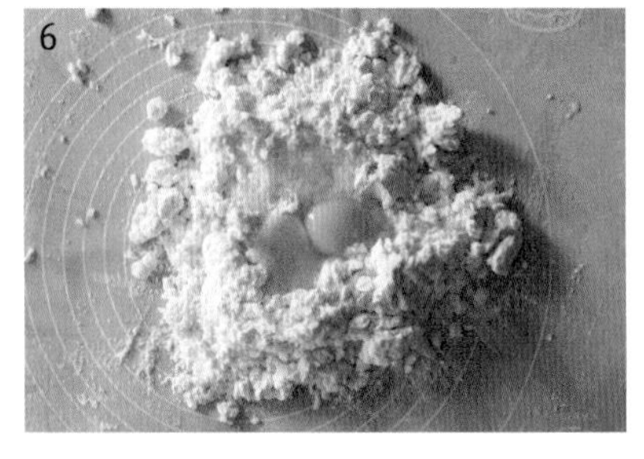

달걀 두 개와 달걀흰자 한 개를 넣고 반죽에 덩어리가 만져지지 않을 때까지 섞습니다.

반죽이 잘 섞이면 한 덩어리로 만든 다음 아몬드분태를 넣고 골고루 섞습니다.

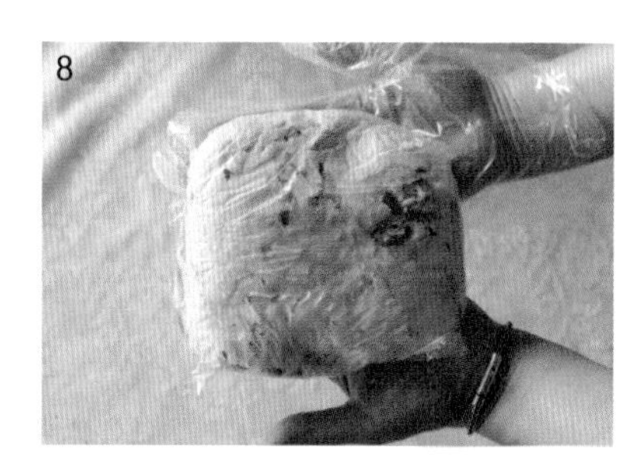

잘 섞인 반죽은 사각형으로 만들어 위생봉투에 넣고 냉장실에서 1시간 정도 휴지시킵니다. 반죽을 휴지시키면 바삭한 식감의 스콘을 만들 수 있습니다.

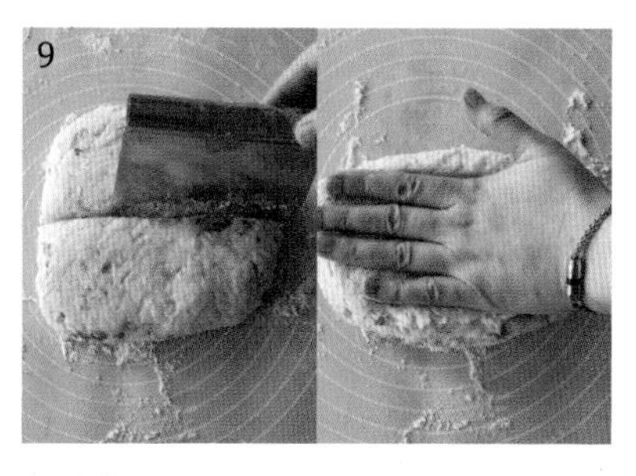

휴지한 반죽에 분량 외의 덧가루를 뿌린 다음, 반으로 잘라 겹치고 재빨리 누릅니다. 같은 방법을 5~6번 정도 반복해 반죽에 결을 만듭니다.

결이 생긴 반죽을 먹기 좋은 크기로 자른 뒤 유산지를 깐 오븐 팬에 올립니다.

5번에서 남겨둔 우유 3큰술과 6번에서 남겨둔 달걀노른자를 섞어 스콘 위에 바릅니다.

180~185℃로 예열한 오븐에 반죽을 넣고 10분간 굽다가 꺼내 달갈물을 한 번 더 바릅니다. 그다음 8~10분간 더 구우면 완성입니다.

달걀떡볶이

2인분 10분

우리가 익히 알고 있는 빨간 고추장 양념이 아니라 달걀을 이용해 담백한 떡볶이를 만들 수 있다는 사실, 알고 계신가요? 떡볶이에 대한 편견을 완전히 깨버린 달걀떡볶이! 촉촉하고 부드러운 달걀이 듬뿍 들어간 떡볶이로 특별한 간식을 만들어보세요.

+ Ingredients

달걀떡볶이

달걀 3개
양파 1개
올리브유 1.5큰술
버터 1큰술
소금 1/2작은술
후추 2꼬집
떡볶이 떡 160g
슬라이스치즈 2장
파슬리가루 1/2작은술

+ Cook's tip

- 떡볶이 떡은 한번 헹군 다음 찬물에 불려두면 더욱 말랑하게 먹을 수 있습니다.

재료를 준비합니다.

양파를 먹기 좋은 굵기로 슬라이스합니다.

달군 팬에 올리브유와 버터를 넣어 녹인 다음 양파를 넣고 볶습니다.

양파가 살짝 익으면 소금과 후추를 넣어 간을 맞춥니다.

볼에 달걀을 넣고 젓가락을 사용해 풀어 줍니다.

양파가 익어 투명해지면 미리 불려둔 떡볶이 떡을 넣고 볶습니다.

7

떡이 말랑하게 익으면 불을 약불로 줄이고 5번의 달걀물을 부어 익힙니다.

8

달걀의 가장자리가 익기 시작하면 젓가락으로 저어 스크램블 느낌으로 만듭니다.

9

달걀떡볶이를 접시에 담고 슬라이스치즈를 올린 다음 파슬리가루를 뿌리면 완성입니다.

PART 4

달걀로 만드는

세계 이색 요리

토마토 달걀탕

(시홍스지단탕 / 西红柿鸡蛋汤) [중국]

4인분 15분

간단하게 만들 수 있는 중국 대표 가정식, 토마토 달걀탕입니다. 토마토와 달걀은 궁합이 잘 맞아 함께 먹으면 아주 좋은데요. 바쁜 아침, 식사 대용이나 속을 달래줘야 할 때 먹으면 아주 좋답니다.

+ Ingredients

토마토 달걀탕
달걀 3개
토마토 2개(300g)
쑥 6~7뿌리
물 800ml
소금 1/3큰술
후추 4꼬집
참기름 1작은술

전분물
전분가루 1큰술
물 2큰술

+ Cook's tip

- 쑥 대신 파슬리나 고수를 넣어 만들어도 좋습니다.

+ Directions

재료를 준비합니다.

토마토는 팥알 크기로 잘게 썰고 쑥은 토마토보다 조금 더 크게 썰어서 준비합니다.

볼에 달걀을 넣고 젓가락을 사용해 멍울이 없도록 골고루 풀어줍니다. 체에 한 번 내려도 좋습니다.

냄비에 물을 붓고 물이 끓어오르면 토마토를 넣어 바글바글 끓입니다.

전분가루와 물을 섞어 전분물을 만든 다음, 바글바글 끓고 있는 토마토 육수에 조금씩 넣어가며 농도를 맞춥니다.

육수가 원하는 농도로 바글바글 끓으면 3번에서 풀어둔 달걀물을 넣습니다. 이때 젓가락으로 재빨리 저어가며 넣어야 달걀이 뭉치지 않습니다.

7

소금과 후추를 넣어 간을 맞춘 다음 참기름을 넣고 골고루 저으며 끓입니다.

8

잘게 썬 쑥을 넣고 한소끔 끓인 다음 불을 끄면 완성입니다.

나시고렝 (Nasi Goreng) [인도네시아]

2인분 15분

동남아시아의 대표 음식 나시고렝입니다. 나시고렝은 인도네시아어로 밥을 뜻하는 'nasi'와 볶다라는 뜻의 'goreng'이 합쳐져 탄생했는데요. 아삭한 숙주나물과 보들보들한 달걀이 만나 최고의 한 끼를 만들었어요.

+ Ingredients

나시고렝

달걀 4개
밥 1공기
양파 60g
당근 30g
생새우 150g
옥수수 30g
소금 1/3작은술
후추 2꼬집
식용유 3큰술
다진 마늘 1작은술
설탕 1작은술
레몬즙 1작은술
멸치액젓 1큰술
굴소스 2큰술
생강맛술 2큰술
숙주나물 60g
쪽파 40g

+ Cook's tip

- 옥수수는 시판용 스위트콘을 사용해도 좋습니다.
- 밥을 볶을 때는 주걱을 세워서 밥을 자르듯이 섞어야 밥알이 으깨지지 않고 고슬고슬해집니다.

+ Directions

재료를 준비합니다.

양파와 당근을 작게 자릅니다.

생새우는 손가락 한 마디 크기로 자른 다음, 소금과 후추를 뿌려 밑간합니다.

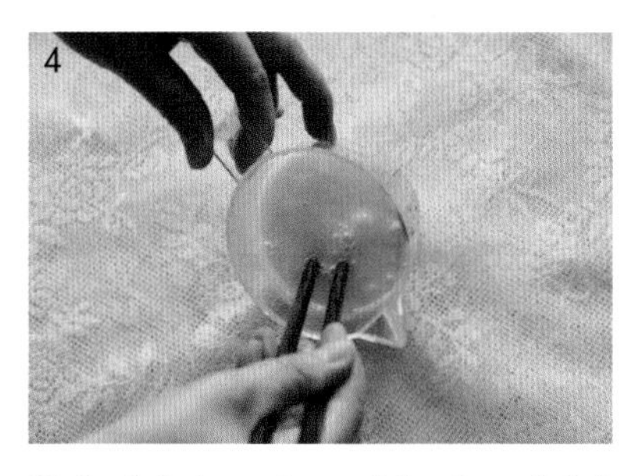

볼에 달걀과 소금 1꼬집을 넣고 젓가락을 사용해서 골고루 섞습니다.

달군 팬에 식용유를 두르고 양파와 당근, 옥수수를 넣고 볶다가 밑간한 새우를 넣어 볶습니다.

새우가 붉게 익으면 다진 마늘과 설탕, 레몬즙, 멸치액젓을 넣고 볶습니다.

굴소스와 생강맛술을 넣고 골고루 섞이도록 볶습니다.

볶은 재료를 팬의 한쪽 구석으로 미루고, 빈곳에 4번의 달걀물을 부어 익힙니다.

달걀의 가장자리가 살짝 익으면 지그재그로 저어 스크램블을 만듭니다.

밥을 넣고 전체적으로 볶습니다. 이때 밥알을 누르지 말고 자르듯이 섞어 고슬고슬하게 만듭니다.

숙주나물과 쪽파를 넣고 약 30초간 골고루 볶으면 완성입니다.

텐신항(てんしんはん) [일본]

1인분 20분

일본식 중화요리인 텐신항입니다. 일반 지단보다 훨씬 부드럽고 촉촉한 달걀을 따뜻한 밥 위에 올리고 텐신항소스를 곁들여 먹는 덮밥인데요. 중국에는 없고 일본에만 있는 독특한 음식, 한번 만들어볼까요?

+ Ingredients

텐신항
달걀 4개
밥 1공기
당근 25g
게살 40g
쪽파 3줄기
식용유 3큰술

텐신항소스
물 200ml
간장 1큰술
굴소스 1큰술
설탕 1큰술
식초 1큰술
다시마(3cm×3cm) 1장

전분물
감자전분 1큰술
물 1큰술

+ Cook's tip

- 달걀지단을 만들 때는 약불에서 조리해야 타지 않게 만들 수 있습니다.
- 달걀지단은 휘저으면서 익히되, 스크램블이 아니기 때문에 지단의 형태를 갖추면서 만듭니다. 이때 달걀은 70%만 익혀야 부드러운 맛을 느낄 수 있습니다.

+ Directions

재료를 준비합니다.

당근은 채썰고, 게살은 당근 굵기로 찢어 둡니다. 쪽파는 작게 쫑쫑 썹니다.

냄비에 분량의 텐신항소스 재료를 모두 넣고 끓입니다. 소스가 바글바글 끓으면 약불로 줄여 3분간 더 끓입니다.

감자전분과 물을 섞어 만든 전분물을 소스에 한 숟가락씩 넣어 텐신항소스를 만듭니다. 취향에 따라 농도를 맞추되 가급적 걸쭉하게 만드는 게 좋습니다.

볼에 2번의 당근, 게살, 쪽파와 달걀을 넣은 후 골고루 섞어 달걀물을 만듭니다. 이때 쪽파는 고명용으로 조금 남겨 둡니다.

달군 팬에 식용유를 두르고 약불로 줄여 달걀물을 모두 붓습니다.

식용유와 달걀물이 골고루 섞이도록 젓가락을 이용해 지그재그로 저으면서 지단을 70% 정도만 익힙니다.

그릇에 따뜻한 밥을 봉긋하게 담고 달걀지단을 올려 밥을 덮습니다.

4번의 텐신항소스를 한 번 더 데워 따뜻하게 만든 뒤, 달걀지단 위에 붓고, 5번에서 남겨둔 고명용 쪽파를 올리면 완성입니다.

차예단(茶葉蛋) [중국]

4인분 15분(숙성 시간 제외)

홍차와 향신료를 넣어 향긋하게 즐기는 차예단은 차와 함께 먹는 중국 전통 간식이에요. 달걀과 차의 만남이 생소하게 느껴지지만 차예단으로 색다른 티타임을 한번 즐겨볼까요?

+ Ingredients

차예단

달걀 4개
다시마물(p.20) 500ml
간장 120ml
생강맛술 3큰술
올리고당 2큰술
설탕 2큰술
마늘 8알
청양고추 1개
대파 35g
양파 45g
팔각 1개
계피(2cmx1cm) 1개
홍차티백 1개

+ Cook's tip

- 다시마물은 가이드의 20페이지를 참고해 미리 만들어둡니다.
- 삶은 달걀을 깰 때는 달걀이 깨지지 않게 겉껍데기에만 금이 가도록 합니다.
- 생강맛술을 넣으면 달걀의 비린내는 물론 각종 잡내를 없앨 수 있습니다.
- 완성된 차예단은 껍데기를 벗긴 다음 홍차와 즐기면 됩니다.

+ Directions

재료를 준비합니다.

냄비에 달걀을 넣고 달걀이 잠길 정도로 물을 부은 다음, 물이 끓으면 5분간 삶은 뒤 꺼냅니다.

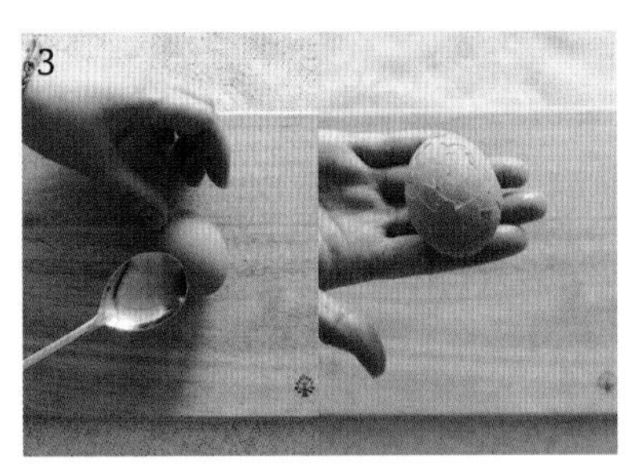

뜨거운 상태의 삶은 달걀을 숟가락으로 톡톡 쳐서 껍데기에 금이 가게 만듭니다.

냄비에 금이 간 달걀을 넣고 다시마물과 간장, 생강맛술을 넣습니다.

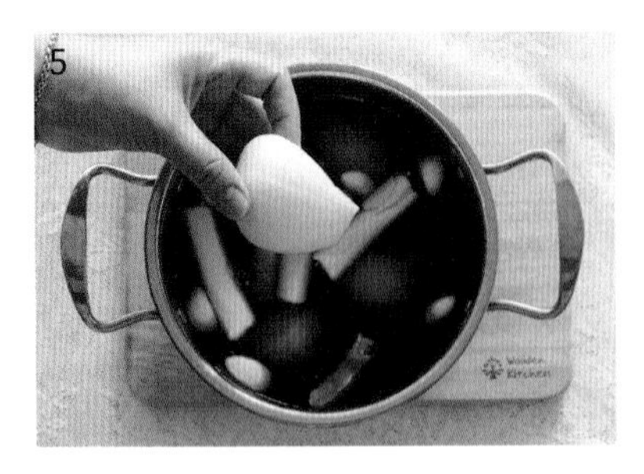

올리고당과 설탕, 마늘, 청양고추, 대파, 양파를 넣습니다.

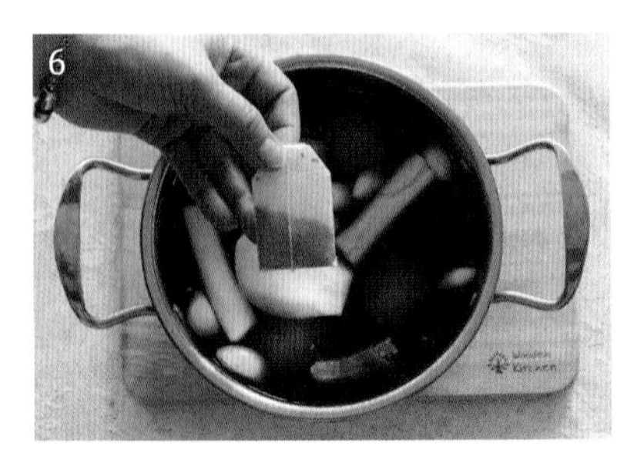

팔각과 계피, 홍차티백을 넣고 끓입니다. 끓기 시작하면 10분간 더 끓인 뒤 냄비째 식히고 냉장고에 넣어 하루 정도 숙성시키면 완성입니다.

에그 베네딕트 (Egg Benedict) [미국]

1인분 15분

노릇하게 구운 베이컨에 달달하게 볶은 시금치, 그 위에 수란을 올려 만드는 에그 베네딕트입니다. 수란을 톡 터트리면 고소한 노른자가 흘러내려 풍미를 더욱 높여주는데요. 여기에 직접 만든 홀랜다이즈소스까지 곁들이면 최고랍니다.

+ Ingredients

에그 베네딕트
달걀 1개
물 500ml
식초 1큰술
식빵 1장
베이컨 2줄
시금치 60g
소금 2꼬집
후추 2꼬집
식용유 1큰술

홀랜다이즈소스(p.24)
달걀노른자 2개
녹인 버터 3큰술
레몬즙 1큰술
소금 2꼬집
후추 2꼬집
씨겨자 1작은술

곁들임 재료
방울토마토 3개
비타민채 1포기

+ Cook's tip

- 홀랜다이즈소스는 가이드의 24페이지를 참고해 만들어둡니다.
- 수란을 만들 때, 소용돌이 한가운데에 달걀을 넣어야 흰자가 노른자를 덮으면서 완벽한 수란이 됩니다.
- 수란의 흰자가 익으면 찬물에 넣어 여열로 달걀이 계속 익는 것을 막아줍니다.

+ Directions

재료를 준비합니다.

가이드의 24페이지를 참고해 홀랜다이즈소스를 만듭니다

냄비에 물을 붓고 팔팔 끓인 다음 식초를 넣고, 젓가락으로 빠르게 회오리를 그려 소용돌이를 만듭니다.

소용돌이 한가운데에 달걀을 깨서 살포시 넣어줍니다. 이때 노른자가 깨지지 않도록 조심합니다.

약 1분 30초간 그대로 두어 달걀흰자를 익힌 다음 건져내 찬물에 담가 열기를 없앱니다.

약불로 달군 팬에 식용유를 두르고 시금치를 넣어 살짝 볶다가, 소금과 후추로 간을 맞춥니다. 시금치는 30초 정도만 볶으면 됩니다.

베이컨은 노릇하게 구워줍니다.

접시에 식빵을 깔고, 베이컨과 볶은 시금치, 수란을 올린 다음 2번의 홀랜다이즈소스를 올립니다. 여기에 방울토마토와 비타민채를 곁들이면 완성입니다.

달걀 프리타타 (Egg Frittata) [이탈리아]

3인분 25분

프리타타는 달걀 반죽에 채소와 베이컨을 넣어 만든 이탈리아식 오믈렛이에요. 부드러우면서도 퐁신퐁신한 식감은 물론 취향에 따라 다양한 채소를 넣어 만들 수 있기 때문에 맛과 건강을 한번에 만족시킬 수 있어요.

+ Ingredients

달걀 프리타타

달걀 6개
생크림 1/2컵
소금 1작은술
후추 3꼬집
베이컨 3줄
토마토 1개
양파 58g
시금치 40g
파르메산치즈 2큰술
고형치즈 1/2컵

+ Cook's tip

- 레시피에 적힌 재료 이외에 다양한 채소를 넣어 만들어도 좋습니다.
- 달걀 반죽을 만들 때 달걀의 알끈을 제거해야 부드러운 식감의 프리타타를 만들 수 있습니다. 달걀을 체에 내려 사용해도 좋습니다.
- 오븐은 180℃로 예열해둡니다.

+ Directions

재료를 준비합니다.

볼에 달걀과 생크림, 소금, 후추를 넣습니다. 이때 달걀의 알끈은 건져내 제거합니다.

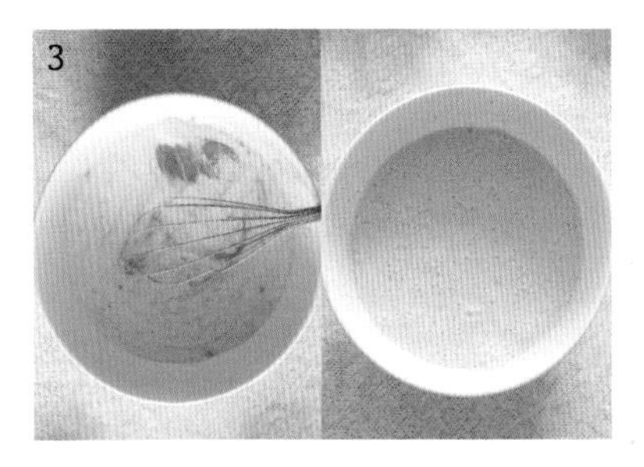

거품기로 반죽이 뽀얀 노란빛을 낼 때까지 저어 달걀 반죽을 만듭니다.

베이컨과 토마토, 양파를 작게 자릅니다.

달군 팬에 베이컨을 넣고 노릇하게 볶은 다음 덜어둡니다.

베이컨을 볶은 기름에 양파와 토마토, 시금치 순으로 넣고 살짝 볶아줍니다.

시금치의 숨이 죽으면 5번에서 덜어둔 베이컨을 넣어 골고루 볶습니다.

3번의 달걀 반죽을 붓고 골고루 섞습니다.

파르메산치즈와 고형치즈를 올려 섞은 다음 약불로 계속 끓입니다.

팬의 가장자리가 살짝 익으면 180℃로 예열한 오븐에 넣고 15분간 구우면 완성입니다.

클라우드 에그(Cloud Eggs) [미국]

1인분 10분

솜사탕인 듯, 뭉게구름인 듯. 눈으로 한 번 놀라고 식감으로 한 번 더 놀라는 클라우드 에그입니다. 말 그대로 퐁신한 구름 속에 숨은 달걀요리인데요. 간단한 브런치로 만들어보세요.

+ Ingredients

클라우드 에그

달걀흰자 2개
달걀노른자 1개
곡물식빵 1장
설탕 1작은술
소금 1꼬집
후추 1꼬집
파르메산치즈 1/2작은술

곁들임 재료

슬라이스치즈 1장
베이컨 2줄
샐러드 채소 1줌

+ Cook's tip

- 달걀은 흰자와 노른자로 분리해 준비합니다.
- 머랭에 달걀노른자를 올려 구울 때 노른자에 소금을 조금 뿌려도 좋습니다.
- 오븐은 185℃로 예열해둡니다.

+ Directions

재료를 준비합니다.

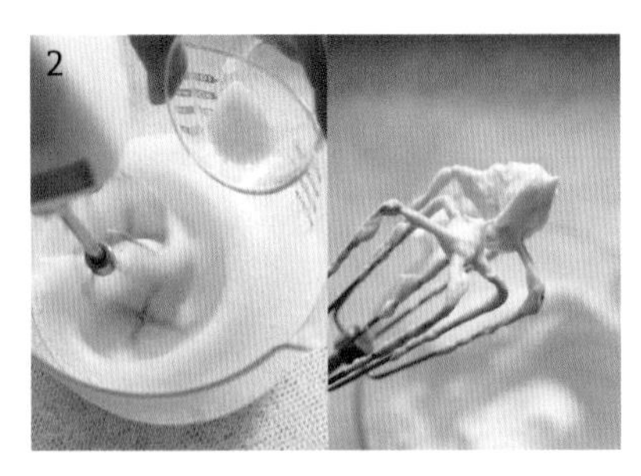

볼에 달걀흰자를 넣고 휘핑하다 설탕을 두 번에 나눠 넣으며 머랭을 올립니다. 이때 핸드믹서를 중속에 두고 약 4분간 휘핑해야 단단한 머랭이 만들어집니다.

머랭에 소금과 후추, 파르메산치즈를 넣고 머랭이 꺼지지 않도록 조심해서 섞습니다.

식빵 위에 머랭을 올리고 가운데를 숟가락으로 눌러 홈을 판 뒤, 달걀노른자를 올립니다.

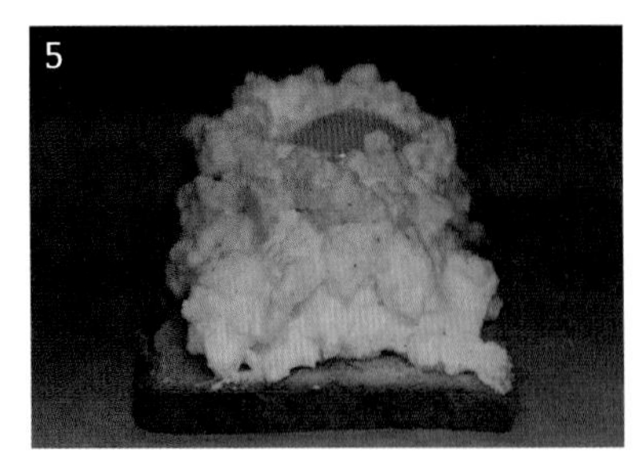

185℃로 예열한 오븐에 넣어 3분 30초간 굽습니다.

구운 머랭 위에 슬라이스치즈를 잘라 올리고, 구운 베이컨과 샐러드 채소를 곁들이면 완성입니다.

에그 인 헬 (Eggs in Hell / Shakshuka) [아랍]

3인분 20분

아랍어로 '혼합하다'라는 뜻을 가진 에그 인 헬입니다. 다른 말로는 샥슈카라고 부르기도 하는데요. 토마토소스와 채소, 소고기, 치즈가 어우러져 풍미 가득한 맛을 느낄 수 있어요.

+ Ingredients

에그 인 헬

달걀 4개
다진 소고기 1/2컵
토마토 1개
양파 40g
청피망 25g
올리브유 1큰술
버터 1큰술
다진 마늘 2큰술
소금 약간
후추 약간
토마토소스 1컵
우유 5큰술
모차렐라치즈 1큰술
생 파슬리 2g

+ Cook's tip

- 토마토소스는 시중에 판매되고 있는 소스를 사용하면 되고, 취향에 따라 2컵까지 넣을 수 있습니다.
- 토마토소스와 소금은 입맛에 맞게 적당히 가감합니다.

재료를 준비합니다.

다진 소고기에 소금과 후추를 넣고 골고루 버무려 밑간합니다.

토마토와 양파, 청피망을 작게 자릅니다.

달군 팬에 올리브유와 버터, 다진 마늘을 넣고 볶아 향을 낸 다음, 잘게 썬 양파를 넣고 볶습니다.

청피망과 밑간한 소고기, 토마토를 넣고 볶습니다.

소금과 후추를 넣어 간을 맞춘 뒤, 토마토소스를 넣고 골고루 섞습니다.

7

우유를 넣고 섞은 다음 보글보글 끓입니다.

8

끓어오르면 달걀 4개를 서로 간격을 두고 올린 다음, 사이사이에 모차렐라치즈를 올립니다.

9

뚜껑을 덮어 약불로 줄인 뒤, 달걀이 익고 치즈가 녹을 때까지 끓입니다. 그다음 생 파슬리를 올려 향을 내면 완성입니다.

데빌드 에그(Deviled Eggs) [아랍]

3인분 20분

데빌드 에그, 혹은 달걀 미모사(Eggs Mimosa)라고 부르는 유럽의 브런치 중 하나입니다. 삶은 달걀을 활용한 요리인데, 모양도 예쁘고 맛도 아주 좋아서 와인 안주나 손님 초대 요리로도 손색이 없어요.

+ Ingredients

데빌드 에그

달걀 4개
양파 50g
소금 1/3작은술
후추 1꼬집
머스터드 1.5큰술
생강맛술 1큰술
마요네즈 1.5큰술
페페론치노 1/2작은술
베이컨 2줄
파슬리가루 2꼬집

달걀 삶기

소금 1/2작은술

+ Cook's tip

- 다진 양파를 찬물에 담가두었다가 물기를 제거하면 양파 특유의 아린 맛을 없앨 수 있습니다.
- 생강맛술을 넣으면 달걀의 비린내를 없앨 수 있습니다.

+ Directions

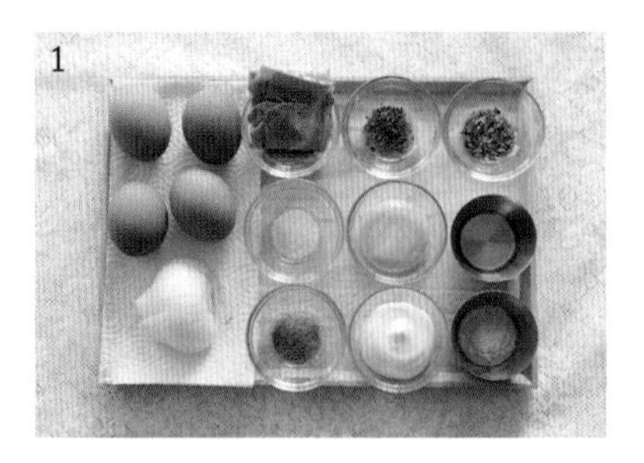

재료를 준비합니다.

냄비에 달걀을 넣고 달걀이 잠길 정도로 물을 부은 다음, 소금을 넣어 15분간 완숙으로 삶습니다.

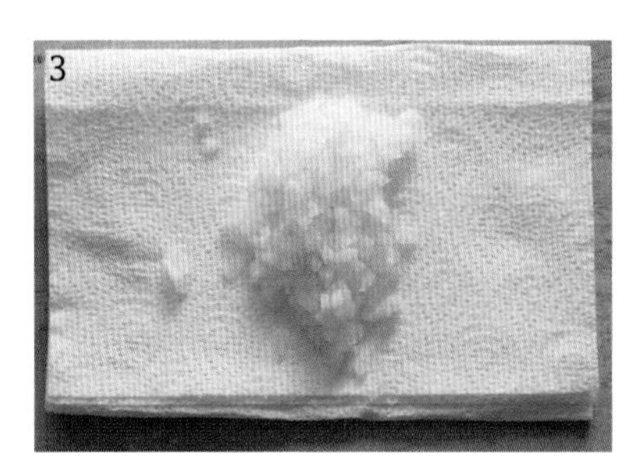

양파는 곱게 다진 다음, 키친타월에 올려 꽉 짜 물기를 제거합니다.

삶은 달걀은 찬물에 담가 온기를 완전히 없앤 후, 껍데기를 벗기고 반으로 잘라 노른자를 분리합니다.

분리한 달걀노른자를 볼에 넣고 포크로 곱게 으깬 뒤, 소금과 후추, 머스터드, 생강맛술을 넣고 골고루 섞습니다.

마요네즈와 잘게 부순 페페론치노를 넣고 섞다가 3번의 다진 양파를 넣어 노른자 크림을 만듭니다.

베이컨을 잘게 잘라 노릇노릇하게 구워 베이컨칩을 만듭니다.

4번에서 분리한 달걀흰자에 노른자크림을 봉긋하게 올리고 베이컨칩을 올린 뒤, 파슬리가루를 뿌리면 완성입니다.

스카치 에그(Scotch Eggs) [영국]

3인분 20분

영국에서 즐기는 겉바속촉 달걀요리 스카치 에그입니다. 삶은 달걀에 고기 반죽을 입혀 노릇하게 튀긴 요리인데요. 달걀의 고소함과 고기의 부드러움에 절로 행복해지는 맛이랍니다.

+ Ingredients

스카치 에그
달걀 3개
양파 40g
대파 1/2대
다진 소고기 1/2컵
빵가루 1큰술
고춧가루 1작은술
다진 마늘 1큰술
소금 1/3작은술
후추 3꼬집
생크림 1.5큰술
파슬리가루 2꼬집
식용유 1컵

달걀 삶기
소금 1/3큰술
식초 1/2큰술

튀김옷
밀가루 1/2컵
달걀 2개
빵가루 1컵

+ Cook's tip

- 스카치 에그는 삶은 달걀을 고기 반죽에 감싸 튀기기 때문에 처음 달걀을 삶을 때 오래 삶지 않습니다. 4분간 삶은 달걀은 바로 찬물에 담가 더 이상 익지 않도록 합니다.
- 샐러드 채소와 함께 곁들이면 더욱 맛있게 즐길 수 있습니다.

+ Directions

재료를 준비합니다.

냄비에 달걀을 넣고 달걀이 잠길 정도로 물을 부은 다음, 소금과 식초를 넣어 4분간 삶습니다. 삶은 달걀은 바로 분량 외의 얼음물에 담가 온기를 빼줍니다.

양파와 대파를 곱게 다집니다.

볼에 다진 양파와 대파, 소고기, 빵가루, 고춧가루, 다진 마늘, 소금, 후추, 생크림, 파슬리가루를 넣고 치대 고기 반죽을 만듭니다.

삶은 달걀은 껍데기를 까서 밀가루에 굴립니다. 이렇게 하면 고기 반죽이 떨어지지 않고 잘 붙습니다.

4번의 고기 반죽을 밀가루 묻힌 달걀에 빈틈없이 붙입니다.

볼에 달걀을 넣고 알끈이 없도록 잘 풀어 달걀물을 만듭니다.

고기 반죽을 붙인 달걀을 다시 밀가루에 굴린 다음, 달걀물과 빵가루에 굴려 튀김옷을 입힙니다.

190℃로 데운 식용유를 약불로 줄이고 8번의 달걀을 넣어 노릇하게 튀기면 완성입니다.

에그 타르트 (Egg Tart) [포르투갈]

8개 50~60분(휴지 시간 제외)

홍콩이나 마카오에 여행을 가면 반드시 먹어야 하는 에그 타르트. 그런데 이 에그 타르트가 포르투갈이 원조라는 사실, 알고 계신가요? 포르투갈에 가면 에그 타르트 골목이 있을 정도로 다양한 종류와 수많은 가게가 있다고 하는데요. 바삭한 타르트지에 달콤한 커스터드크림을 채워 만든 에그 타르트에 커피나 홍차를 곁들여 즐겨볼까요?

+ Ingredients

타르트지
박력분 150g
차가운 버터 100g
설탕 8g
소금 2g
찬물 40ml

필링
우유 100ml
생크림 100ml
설탕 45g
달걀노른자 2개
박력분 15g
옥수수전분 10g

데커레이션
슈가파우더 1g

+ Cook's tip

- 타르트지를 만들 때 박력분을 체에 내리면 밀가루 사이사이에 공기가 들어가 반죽이 골고루 섞이는 데 도움을 줍니다.
- 버터는 차가운 상태로 준비해야 타르트지가 바삭해집니다.
- 오븐은 185℃로 10분간 예열해둡니다. 오븐마다 사양이 다르니 구움 정도는 적당히 가감해도 좋습니다.
- 에그 타르트는 워낙 유명한 디저트라 만드는 방법이 아주 다양합니다. 여러 레시피로 만들어보면서 나만의 레시피를 만들어도 좋습니다.

+ Directions

재료를 준비합니다.

실리콘 패드 위에 박력분을 두 번 정도 체에 내립니다.

박력분에 차가운 상태의 버터를 넣고 스크래퍼로 박력분과 섞으면서 작게 자릅니다.

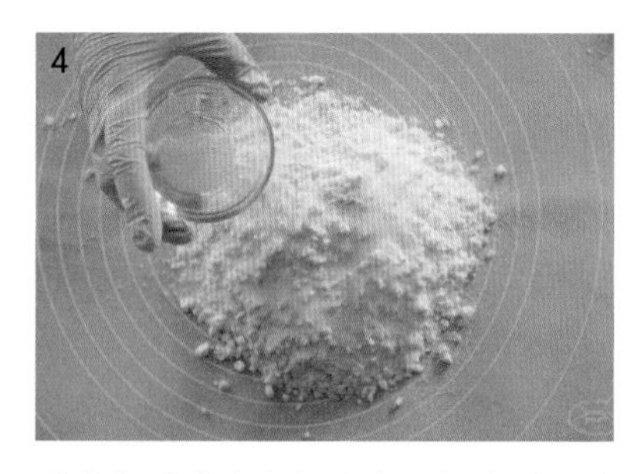

버터가 작아지면서 박력분과 잘 섞이면 설탕과 소금을 넣고 계속 자르듯이 섞습니다.

가루재료를 산처럼 모으고 가운데에 홈을 파서 찬물을 부은 다음, 계속해서 자르듯이 섞어 반죽합니다.

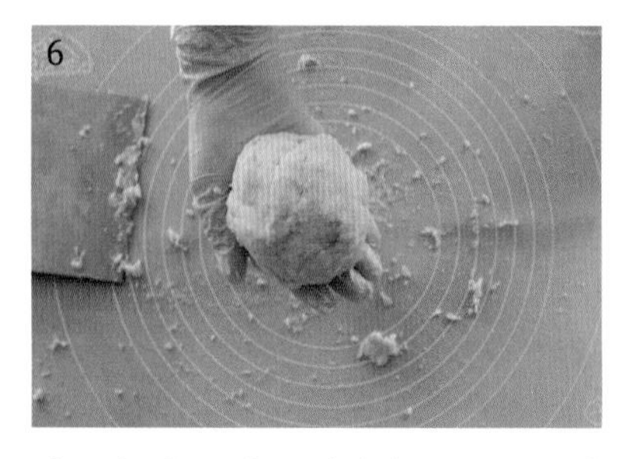

반죽이 어느 정도 섞이면 손으로 뭉쳐 한 덩어리로 만듭니다. 이때 손바닥의 열로 버터가 녹을 수 있으니 이 과정은 빠르게 진행합니다.

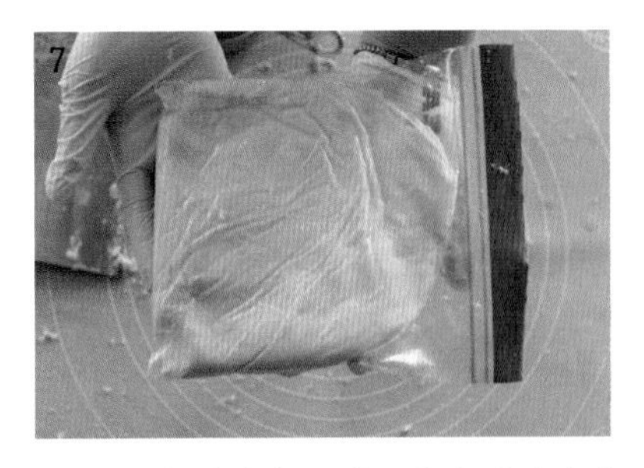

7

반죽이 한 덩어리로 매끈하게 만들어지면 위생봉투에 넣고 밀대로 편 다음, 냉장고에 넣어 30분간 휴지시킵니다.

8

타르트틀이나 낮은 오븐용기에 분량 외의 버터를 골고루 바릅니다. 맨 처음 반죽에 들어가는 버터를 조금 덜어 사용해도 좋습니다.

9

냄비에 우유와 생크림, 설탕을 넣고 약불로 끓입니다.

10

살짝 데운다는 느낌으로 냄비 가장자리에 기포가 올라오면 불을 끕니다.

11

볼에 달걀노른자를 넣고 풀다가 박력분과 옥수수전분을 체에 내려 넣고 섞습니다.

12

달걀노른자 반죽에 10번에서 데워둔 우유+생크림을 조금씩 넣어가면서 골고루 저어 걸쭉한 농도의 필링을 만듭니다.

7번에서 휴지한 반죽을 꺼내 밀대로 얇게 민 다음 타르트틀에 맞게 찍어줍니다. 틀이 없다면 그릇이나 컵으로 찍어도 좋습니다.

타르트틀이나 오븐용기에 자른 타르트지를 넣습니다. 이때 바닥과 옆면을 평평하게 만들어야 골고루 구워집니다.

포크로 타르트지의 바닥과 옆면을 모두 찍어줍니다. 이렇게 하면 반죽이 구워지면서 부풀어 오르지 않습니다.

오븐 팬 위에 타르트틀을 올리고 12번의 필링을 85% 정도 채워 붓습니다.

185℃로 예열한 오븐에 넣어 35분~40분간 구우면 완성입니다.

EGG

초 판 발 행 일	2020년 08월 10일
발 행 인	박영일
책 임 편 집	이해욱
저 자	김순희
편 집 진 행	강현아
표 지 디 자 인	이미애
편 집 디 자 인	신해니
발 행 처	시대인
공 급 처	(주)시대고시기획
출 판 등 록	제 10-1521호
주 소	서울시 마포구 큰우물로 75 [도화동 538 성지 B/D] 9F
전 화	1600-3600
팩 스	02-701-8823
홈 페 이 지	www.sidaegosi.com
I S B N	979-11-254-7695-5[13590]
정 가	14,000원

시대인은 종합교육그룹 (주)시대고시기획 · 시대교육의 단행본 브랜드입니다.